Der erdgeschichtliche Klimawandel

Wilhelm Bölsche (1861- 1939) studierte Philosophie, Kunstgeschichte und Archäologie an der Universität Bonn. Er gilt als der Schöpfer des modernen Sachbuchs. In Dutzenden von Büchern und Bändchen popularisierte der Freidenker, Monist und Evolutionär das Wissen seiner Zeit.

Der Naturwissenschaftler Dipl.-Math. Klaus-Dieter Sedlacek, Jahrgang 1948, studierte in Stuttgart neben Mathematik und Informatik auch Physik. Nach fünfundzwanzig Jahren Berufspraxis in der eigenen Firma widmet er sich nun seinen privaten Forschungsvorhaben und veröffentlicht die Ergebnisse in allgemein verständlicher Form. Darüber hinaus ist er der Herausgeber mehrerer Buchreihen unter anderem der Reihen 'Wissenschaftliche Bibliothek' und 'Wissen gemeinverständlich'.

Wilhelm Bölsche

Der erdgeschichtliche Klimawandel

Den wahren Ursachen von Klimaschwankungen auf der Spur

Neu bearbeitet und herausgegeben
von
Klaus-Dieter Sedlacek

Wissen gemeinverständlich Bd. 15

Bibliografische Information Der Deutschen Bibliothek:
Die Deutsche Bibliothek verzeichnet diese Publikation in der
Deutschen Nationalbibliografie; detaillierte
bibliografische Daten sind im Internet über
http://dnb.ddb.de
abrufbar.

Mit einem Anhang erweiterte
zweite Auflage
..
Cover, Buchblock, Redigierung und Satz Klaus-Dieter Sedlacek
Internet: https://toppbook.de
© 2017, 2019
Herstellung und Verlag: BoD – Books on Demand, Norderstedt.
ISBN: 9783744829786

Inhaltsverzeichnis

EISZEIT UND KLIMAWANDEL 7

Rätselhafte Ursachen 7
Klassische Erklärungsversuche 41
Das Für und Wider der Pendulationstheorie 76
Weitere Theorien 103
Die Rolle der Kohlensäure CO_2 109
Zukunftshoffnung 126

WAS WISSEN WIR HEUTE ÜBER DIE KLIMAGESCHICHTE? 131

Klimaproxys und Messmethoden 132
Frühe Klimageschichte 133
Methanhypothese 136
Eiszeitalter 139
Das aktuelle Eiszeitalter 141
Die aktuelle Warmzeit 148
Die globale Erwärmung und die Zukunft des Klimas 153

ANHANG 154

Einfluss planetarer Gezeitenkräfte auf die Sonnenaktivität 154
Kleiner Auslöser mit großer Wirkung: Gezeiten nutzen Instabilität 155
Langfrist-Prognose für die Sonne? 156

STICHWORTVERZEICHNIS 158

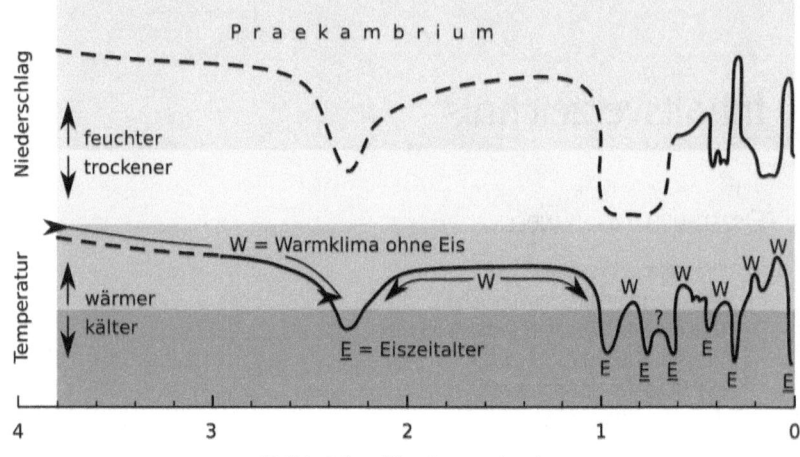

Das Erdklima:

Rekonstruktion des mittleren Temperatur- und Niederschlagsverlaufs der Erde seit 3,8 Milliarden Jahren. E = Eiszeitalter, E (unterstrichen) = Eiszeitalter mit Eisbildungen an den geographischen Polen, W = eisfreies Warmklima

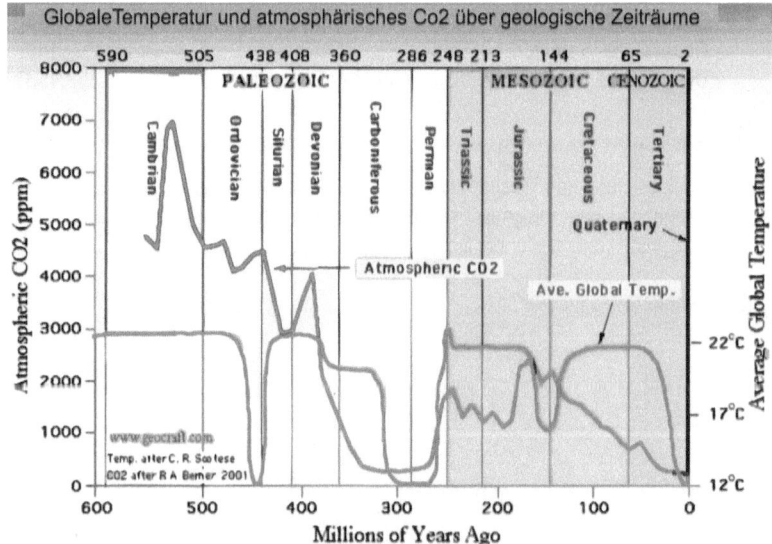

Late Carboniferous to **Early Permian** time (315 mya -- 270 mya) is the only time period in the last 600 million years when **both** atmospheric **CO2** and **temperatures** were as low as they are today **(Quaternary Period)**.

Geglättete durchschnittliche Temperatur- und CO2-Kurve der letzten 600 Millionen Jahre. Es ist eine schwache Korrelation, jedoch keine Kausalität zwischen CO2 und Temperatur erkennbar. Grafik vom Herausgeber nachgezeichnet:
Quelle: https://economy4mankind.org/klima-co2-sonne/

Eiszeit und Klimawandel

Rätselhafte Ursachen

Der Wanderer im Riesengebirge, der auf einem früher fast ungangbaren, neuerlich etwas gebesserten Pfad von der sogenannten großen in die kleine Schneegrube klettert, sieht sich vor dem bedeutsamsten Landschaftsbild.

Tief herabschleifende und schattende Wolken, eine im Riss auftauchende unermessliche Fernsicht sonnenbeschienener Talweiten, das bezeichnende Knieholz (Legföhren), das sich wie ein tiefgrünes Riesenmoos zwischen die grauen Verwitterungsscherben des Gesteins schmiegt, erwecken den unzweideutigen Eindruck großer Höhe, wo der zerfressene Granitgrat sich in die kleine Grube senkt, erscheint in dieser eine liebliche Alpental-Matte, je nach der Jahreszeit mit violettbraunem Türkenbund, rosig angehauchtem weißem Berghähnlein (Narzissenanemone) und den hohen Stauden tiefblauen Eisenhuts und Enzians in dichtem Pflanzenfilz über murmelnden Wassern. Unwillkürlich sucht der Blick im tiefsten Grund der Matte den Gletscher, der aber fehlt.

Umso deutlicher prägen die Spuren sich aus, dass er einmal da war. Man glaubt noch zu erkennen, wo er zuletzt, den großen Grubenkessel ausräumend, geruht hat, — sieht niederschauend vor den ersten dickpelzigen Gebirgsfichten unten den gewaltigen Schuttring, den er schmelzend, ersterbend, zurückweichend als Seiten- und Stirnmoräne aus dem Gestein, das ursprünglich in sein kriechendes Eis eingebacken war, gehäuft. Ein kleiner Schneefleck zeigt sich öfter auch sommerlich noch am innersten Grubenhang erhalten, — offenbar mangelte sehr wenig, den Eisriesen selber wieder aufzuerwecken, hier, wo die Volkssage Rübezahl umgehen lässt, scheint auch sein Gespenst noch greifbar zu spuken.

Aber am Knieholzpfad zwischen den Granitscherben fesselt ein kleines Pflänzchen, das, bescheiden an den Boden geschmiegt, mit rötlichen, nach Vanille duftenden Glöckchen nickt. Es ist die vielbesagte Linnaea borealis, und sie ist in der Tat ein noch lebender Zeitgenosse des alten Gletschers selbst. Mit einer weißen Steinbrechart auf dem Basaltgang der andern Grubenseite, der dem Botaniker noch köstlicheren Saxifraga nivalis, und ein paar ähnlichen Seltenheiten ist sie noch zugehörig zu der wirklichen Hochalpenwelt, die vormals hier bestand. Die eigentliche Heimat dieser Irrgäste, im Geiste weithin über die ganze deutsche Tiefebene da unten und die Ostsee dazu gesucht, sind Island, Lappland, Norwegen, Schweden, wo einst diese unscheinbare und doch so liebliche Linnaea den Namen des großen Linné selber erhielt, von dort sind die verscheuchten Polarkinder bis hierher getrieben worden vom unaufhaltsam vorrückenden Eis.

Rätselhafte Ursachen

So erzählen sie uns noch, dass damals nicht nur Gletscher hier wie ungeheure Eiszapfen des nie tauenden Firnschnees herabhingen, sondern dass auch jene ganze Meeresfläche und Ebene von Skandinavien bis zum deutschen Sudetenfuß unter einer einzigen unermesslichen blauen Glasschale von Inlandeis (Binneneis) lag. Als das wieder schwand, sind sie am eigenen Gletscher des Gebirges noch geblieben. Und als auch der endlich schmolz, dauerten sie allein — die winzigen, vergessenen neben dem sich weiter werdenden Schritt der Riesenzeit — bis heute. Diese Pflänzchen sind nicht bloß starres Gespenst, die sind noch lebendig zu uns hereinragende Zeugen – der Eiszeit.

Mit einem einzigen Blick glaubt man, an solchem lehrreichen Fleck gelagert, die große Frage dieser „Eiszeit" nicht bloß naturgeschichtlich, sondern auch rein geschichtlich in den Stufen ihres Werdens im Menschengeist zu überfliegen.

Es sind heute nicht ganz zweihundert Jahre, dass kein geringerer als Goethe (der bekanntlich auch ein recht tüchtiger Geologe war) die Worte niederschrieb: „Zu dem vielen Eis brauchen wir Kälte. Ich habe eine Vermutung, dass eine Epoche großer Kälte wenigstens über Europa gegangen sei. — Damals gingen die Gletscher des Savoyer Gebirges bis an den (Genfer) See, (wobei) sie die noch bis auf den heutigen Tag auf den Gletschern niedergehenden langen Steinreihen, mit dem Eigennamen Goufferlinien benannt, ebenso gut durch das Arve- und Dransetal herunterziehen und die oben sich ablösenden Felsen unabgestumpft und -abgerundet in ihrer natürlichen Schärfe bis an den See bringen konnten, wo sie uns noch heutzutage bei Thonon scharenweise in Verwunderung setzen." Die denkwürdige Stelle ist datiert vom 5. November 1829, Goethes Gedanken zur Sache gehen aber mindestens um ein Jahrzehnt weiter zurück.

In diesen paar Sätzen ist gleichsam schon die „Urzelle" der ganzen Eiszeitlehre enthalten. An ein paar natürliche Scherben knüpft sie an, ähnlich denen des kleinen Moränenwalles dort, den der sterbende Schneegrubengletscher hinterlassen hat, wie ein schmelzender Schneemann einen Schmutzfleck hinterlässt. Bloß ein paar größere Scherben noch, einzelne Riesenscherben wie ungeheure Blöcke groß. Solche Scherben lagen rings um die Schweizer Hochalpen zerstreut, vielfach weitab von den heutigen Gletschern. Trotzdem sahen sie mit ihren scharfen Bruchflächen nicht aus, als seien sie vom Wasser verrollt. Eine kühne geologische Idee, die damals umging: die ganzen Alpen seien einer wilden vulkanischen Explosion verdankt, bei der solche Blöcke wie vulkanische Wurfbomben herumgespritzt wären, fand auch nicht jedermanns Beifall. (Goethe nannte sie eine „vermaledeite Polterkammer".) So kam man auf genau den Gedanken, mit dem Partsch uns viel später hier die Schneegruben enträtselt hat: Die Schweizer Gletscher waren einst auch bis dahin gegangen, wo heute die Blöcke liegen. Sie hatten die riesigen verwitternd abgesprengten Felsscherben des

Hochgebirges, die oben auf sie gestürzt oder unten von ihrer stets rutschenden Sohle eingeklemmt worden waren, selber damals soweit verschleppt. Größere Gletscher offenbar, als heute, — Ergebnis einer offenbar feuchtkälteren Zeit. Schlichten Schweizer Gemsjägern soll die einfache Logik zuerst gekommen sein, — vielleicht ist sie von ihnen zu den damals noch spärlichen fremden Gebirgskletterern (bei denen auch Goethe war) weitergegeben worden.

Aber solche ungeschlachten Steinkerle lagen, fremd ihrem Ort, auch da unten mitten im norddeutschen Sand bis zur Ostsee herab verstreut, — wer sollte sie dahin gebracht haben? Der Volksscherz lässt sie in einer Nacht vom Teufel verschleppt sein; aber das konnte wohl schon in des Walpurgisdichters Zeiten nicht mehr gut als wissenschaftliche Theorie gelten. Ein märkischer oder mecklenburgischer Geheimvulkanismus, der aus (allerdings vorhandenen) tiefen Bodenlöchern heraus gewirkt hätte, schien noch weniger rätlich als in den Alpen. Durfte man also annehmen, auch die alten Riesengebirgsgletscher hier wären in jener Kaltzeit etwa so riesig gewesen, dass sie bis Fürstenwalde bei Berlin gereicht hätten? Wo doch ein solcher Block lag, der eine der sogenannten Markgrafensteine, aus dessen 1600 Zentner schwerem Teilstück man die 7 m klafternde Granitschale im Berliner Lustgarten gemacht und noch ein paar andere städtische Denkmäler dazu?

Dem Gedanken widersetzte sich schon zu Goethes Tagen entschieden eins. Das Gestein dieser norddeutschen Irr- oder erratischen Blöcke entsprach nicht unsern deutschen Gebirgen hier, wohl aber wie ein abgebrochener Henkel seiner Tasse denen des fernen Skandinavien. Hätten also schwedische und norwegische Gletscher über die ganze Ostsee fort bis Berlin gereicht? Vor dieser Kühnheit staute sich noch einmal die Theorie, hören wir abermals dazu Goethe selbst, der auch hier an der Spitze marschierte. „Bergrat Voigt zu Ilmenau, — als wir uns lange über die wunderbaren Erscheinungen der Blöcke über Thüringen und über die ganze nördliche Welt ausgebreitet öfters besprachen und wie angehende Studierende das Problem nicht loswerden konnten, geriet auf den Gedanken, diese Blöcke durch große Eistafeln herantragen zu lassen; denn da es unleugbar schien, dass zu gewissen Urzeiten die Ostsee bis ans sächsische Erzgebirge und an den Harz herangegangen sei, so dürfte man natürlich finden, dass bei laueren Frühlingstagen im Süden die großen Eistafeln aus Norden herangeschwommen seien und die großen Urgebirgsblöcke, wie sie unterwegs an hereinstürzenden Felswänden, Meerengen und Inselgruppen aufgeladen, hierher abgesetzt hätten, wir bildeten mehr oder weniger dieses Phänomen in der Einbildungskraft aus, ließen uns die Hypothese eine Zeitlang gefallen, dann scherzten wir darüber; Voigt aber konnte von seinem Ernst nicht lassen." Voigt ist schon 1821 gestorben, die Gespräche müssen also weiter zurückliegen. Jedenfalls hat aber auch Goethe die Sache später nicht immer bloß scherzhaft genommen. Und in den 30er Jahren hat der Engländer Lyell sie als eigene sogenannte Drift-(Treibeis)Theorie so nachhaltig in die Fachgeologie eingeführt, dass sie fast ein halbes Jahrhundert dort herrschend bleiben sollte. Aber die wahren Wunder der Eiszeit waren doch noch größer als selbst diese Theorie.

Wenn Gletscher sich langsam dahinschieben (und immer schieben sie sich so, oben belastet vom neu vereisenden Firnschnee, unten abschmelzend wie eine zähflüssige Riesenträne), so schreiben sie auf ihre Unterlage eine seltsame Hieroglyphenschrift. Die eingebackenen Steinscherben ihrer Sohle polieren und schrammen wie Nägel eines groben Bergschuhs den darunterliegenden Fels. Es hat lange gedauert, bis man auch dieser Naturschrift Herr wurde, wie der Geschichtsforscher mühsam erst Keilschrift und echte Hieroglyphen entziffern gelernt hat. Wer sie aber durchschaut hat, der weiß, dass, wo ehemals ein Gletscher gekrochen ist, man an dieser geheimen Radierung und Krakelschrift sein Dasein noch ablesen kann, auch wenn er längst dahingeschwunden, — genauso, wie wir die Taten der alten assyrischen und ägyptischen Könige noch lesen, Jahrtausende. Nachdem sie mit ihrer ganzen Generation vergangen. Und es geschah im Jahre 1875 (Goethe ruhte allerdings jetzt längst in seiner Fürstengruft), dass ein Schwede, Torell, eine solche Hieroglyphenschrift auch mitten in der Mark entdeckte. Rüdersdorf heißt der Ort. Nahe dem blauen Müggelsee, vom hohen Turm sieht man noch den Rauch von Berlin. Muschelkalkfels stößt als willkommener Baustein hier inselhaft aus dem unendlichen Sandmeer der Reichsstreusandbüchse. Auf der empfindlichen Haut dieses alten Kalksteins aber fand jener Schwede damals bei flüchtigem Besuch die Hieroglyphe des Gletschers, hier waren nicht Eisberge oder Eisschollen hoch hinweg gefahren, sondern der alte Gletscher selbst hatte in fester Fron auf den Schichtenköpfen des noch älteren Bodengesteins gelastet, es bald streichelnd und polierend, bald kratzen-, wie das auch bei menschlicher Fron wohl üblich ist. Heute steht ein Gedenkstein, selber ein schwedischer Findling, in der Nähe der ewig bedeutsamen Stelle, nachdem der rastlos weiterschreitende Bergwerksbau die eigentliche Urkunde längst getilgt. Als am Abend jenes Tages aber Torell in der Sitzung der Deutschen Geologischen Gesellschaft zu Berlin seinen Bericht erstattete, da starb die Drifttheorie nach vieljährigen treu geleisteten Diensten. Und es entstand dafür jetzt wirklich jener kolossale Gedanke des europäischen Binneneises, das von Skandinavien mit einheitlicher Gletschertatze bis in die Mark und noch weiter gelangt. Das ganz gewaltige Bild der „Eiszeit" stieg auf, noch unverhältnismäßig größer, als es Goethe geahnt.

Wie Grönland bis auf ein paar kleine Felsspitzen (Nunataker nennen sie's im Land) untergegangen, versunken ist in einer einheitlichen Eismasse, so damals Skandinavien. Und dieses Eis dachte sich von der ungeheuren skandinavischen Hochburg schräg herunter wirklich über den Platz der heutigen Ostsee hinweg, in die Nordsee hinaus, über Kola ins nördliche Eismeer hinüber. Es floss (mit jenem gespenstisch starren Fließen des Gletschers) über Finnland in die wehrlos platten Ebenen Russlands ein zum Ural, in lang ausgreifenden Pranken zur Wolga bei Nischni Nowgorod, südlich von Moskau bei Tula zum Don, bei Kiew zum Dnjepr; die heute berühmt gewordenen Rokitnosümpfe lagen an seiner Bahn, die viel besprochenen Lysa-Gora-Höhen bildeten einen solchen Nunatak in ihm. Nachdem ganz Norddeutschland verschlungen war, erschien die Eiswelle im Oder-Quellgebiet. Hier unten quoll sie in den Hirschberger Kessel; noch heute schneidet die jedem Sommergast vertraute Krummhübeler Lomnitz dort eine Grundmoräne von abgesenktem heimischem Riesengebirgsschotter und skandinavischen Wanderscherben an. Sie erstarrte vor dem Gebirgssaum, schritt über Dresden, am Thüringer Wald entlang, begrub den späteren Sitz Goethes, bog vom Harz zum Rheinischen Schiefergebirge ab, um über die Rheinmündung die Themse zu erreichen, bis das schottische Eis mit dem skandinavischen zusammenschlug. Sechs Millionen Quadratkilometer blauen Gletschereises (falls man solches Eismeer, das an seiner Ausgangsstelle nicht mehr zwischen Gebirgen lagerte, sondern über sie hinwegging, noch als Gletscher bezeichnen will) schoben sich so über Europa, — im nordischen First sicher ein paar

Tausend Meter dick. Man erschauert, wenn man sich denkt, wie diese blinkende Mauer auftauchte. Nichts Lebendiges blieb, wo sie hinschritt, schon vor ihrem nahenden Eishauch verkümmerte weithin die blühende Vegetation zur armseligen Moossteppe (Tundra). Kein Traum eines Tamerlan mit seinen Siegessäulen aus Menschenknochen kommt gegen die Schrecken dieser Welteroberung auf ...

Schweizer Forscher (Venetz, Charpentier, vor allem ein viel befehdeter, übertrieben gefeierter, aber auf jeden Fall bedeutender Mann, Louis Agassiz) hatten inzwischen dem alten Gedanken Goethes von der „Epoche großer Kälte" eine immer handgreiflichere Gestalt gegeben, — Schimper das unmittelbare Wort Eiszeit (zuerst in einem Gedicht 1837!) geschaffen. Man hatte ihren Ort in der Reihenfolge der geologischen Zeitabschnitte ungefähr bestimmt: nicht mehr in den alten Sauriertagen, sondern verhältnismäßig jung, im sogenannten Diluvium.[1] Wenn man von dem Abschluss der sogenannten Tertiärzeit bis

---

[1] Um es kurz hier noch einmal zu vergegenwärtigen: wir heute leben nach der Einteilung des Geologen im Zeitalter des Alluviums, voraus geht das Diluvium (oder die Diluvialzeit) und dem wieder das Tertiär oder die Tertiärzeit. Die Tertiärzeit teilt man (auf das Diluvium zu ansteigend) in Eozän, Oligozän, Miozän und Pliozän. Nochmals früher liegt die Kreide (Kreidezeit), der Jura (Jurazeit) und die Trias (Triaszeit). Diese drei bilden das Mittelalter der Erdgeschichte. Dem Mittelalter geht auch hier voraus das Altertum. Am nächsten zur Triaszeit gehört dazu noch die Permzeit oder das Perm, älter ist die Steinkohlenzeit (auch die karbonische Zeit oder Karbon genannt), ganz grau und alt Devon und Silur, sowie auf der Grenze äußerster Lebensüberlieferung das Kambrium (kambrische Zeit) mit der Vorstufe des Algonkiums. Dahinter liegen die ganz dunkeln, für unsere Kenntnis fast noch „mythischen Zeiträume der Urmeere unbekannten Lebens, der ersten Erstarrungskruste der Erde und des nur vermuteten glühenden Anfangszustandes dieser Erde, in dem sie vielleicht noch sonnenhaft leuchtete.

an die ersten Nebel überlieferter Geschichte versuchsweise einmal noch eine halbe Million Jahre rechnete, so ging da hinein auch noch dieses ganze aufregende Ereignis, wie sich neuerlich herausgestellt hat, ist der Mensch (mit vorgeschichtlicher Kultur) noch Zeuge seines gesamten Verlaufs gewesen, wenn er's auch in keiner Chronik eingezeichnet hat. Eine hochpolare Tier- und Pflanzenwelt begleitete neben ihm die Eisränder, Beweis, dass wirklich grönländische Verhältnisse bei uns eingekehrt waren. Die dick bepelzten Mammutelefanten und Schneenashörner haben sich daraus am stärksten eingeprägt. Eigentlich beweisender sind aber noch die mustergültig arktischen kleinen Pflänzchen, wie Zwergbirke, Polarweide, Silberwurz, aus deren Reihe auch das verschlagene Volk der Schneegruben hier stammt.

Aber die ganze Gewalt des Vorgangs sah man doch erst, als man sich an jenes ungeheure europäische Binneneis gewöhnen musste. Es war nur noch wie eine Ergänzung, dass auch Nordamerika in anscheinend gleicher Zeit eine entsprechende und sogar noch größere (südlich bis in Breiten, wo bei uns Sizilien liegt, vorgerückte) Eisdecke getragen hatte, — während allerdings eine dritte erwartete Vereisung auf dem asiatischen Sibirien sich nicht zeigen wollte. Immerhin müsste die Erdkugel bei der nötigen Schiefsicht damals von fern bereits einen argen Eindruck beginnender Ganzvereisung gemacht haben, während gleichzeitig die Einzelspuren oder mit unserem Bilde Hieroglyphen, nachdem man sie einmal lesen gelernt, sich auch im engeren immer unzweideutiger aufdrängten.

Skandinavien, auf dessen wohl höheren Gebirgen sich in der Fülle der Zeit das einzigartige Schauspiel vollzogen vom Zusammenwachsen der Firnschneefelder mit den Gletschern selbst, war allenthalben abgehobelt wie durch einen dämonischen Kunstschreiner des alten Asengeschlechts. Wenn man seine Fjorde als heute ins Meer versenkte alte Gletschertäler fasste, so glaubte man noch jetzt seine Urvergletscherung geradezu von der Karte ablesen zu können. Bei uns in Deutschland aber waren die großen Findlinge von da drüben nur die Rosinen eines feineren Teigs, der als sogenannter Geschiebelehm überall noch ausgewalzt lag, soweit das Eisungetüm sein Lager gehabt, wie seine letzten derberen Auswürfe bezeichneten Endmoränenringe stationenweise die äußerste Statt des Unholds. Die weiche Kreide der heutigen Ostseekante hatte er sich sielend geknetet und in anhaftenden ganzen Platten verschleppt. Seine Jahrtausende lang abrinnenden Tropfen hatten jene tiefen Löcher (Gletschermühlen, Pfuhle, Sötte) in den Boden gebohrt, an die sich in der Jugend der Deutung einmal die Sage von norddeutschem Vulkanismus geknüpft. Unter seinem Eisbauch selber hatten sich Rippelungen in Gestalt fächerförmiger Hügelreihen und in der eigenen Kriechrichtung gehender Wälle (sogenannte Drumlins und Asar) gebildet. Unendliche Sande waren von seinen abgehenden Schmelzwassern weit vor die Grenzwälle seines eigentlichen Bettes verschwemmt worden, wo er zwischen sich und dem Gebirge diese Wasser gestaut und zugleich die zur Ebene strebenden deutschen Ströme eingeengt, waren endlose Zeiten die gelben Schmutzfluten an ihm entlang gewirbelt, einem fernen Nordseeausschlupf zu: so hatten sich jene ungeheuren versandeten „Urstromtäler" gestaltet, wie sie heute noch der entschwundenen Eiskante getreu von der Weichsel zur Elbe ziehen, von Pygmäenflüsschen der Epigonenzeit wie der „Maus im Käfig des Löwen" (Ausspruch von Berendt) bewohnt. Bild um Bild, die doch alle nur das eine größte vertiefen konnten, wie es sich in jener entscheidenden Stunde blitzhaft vor Rügen gestellt.

Die fortschreitende Geschichte menschlicher Wissenschaft möchte man aber bezeichnen als eine immer weiter hinausgeschobene Ursachenfrage. Goethe zu seiner Zeit genügte es noch, dass eine „Epoche großer Kälte" die Ursache der Findlinge war. Seither ist immer lebhafter gefragt worden, was die Ursache der großen Kälte selbst gewesen sein könnte. Ja, diese Frage erfreut sich sogar weit über die Fachgelehrsamkeit hinaus heute einer gewissen Volkstümlichkeit. Nicht nur gibt es eine ganze Bibliothek wissenschaftlicher Bücher darüber, sondern es arbeitet auch beständig eine Menge mehr oder minder berufener freiwilliger Helfer aus weitesten Volkskreisen daran mit. Wer Gelegenheit hatte, selbst irgendetwas über die Eiszeittatsachen zu veröffentlichen, der hat das wohl mit einigem Schrecken erfahren: Ungezählte Manuskripte in bedenklich umfangreichen Postpaketen mit und ohne Rückporto pflegen sich bei ihm zu versammeln, deren Sender alle verkünden: Auch ich ein Maler, — auch ich habe eine Lösung der Eiszeit gefunden. Einerseits lockt dazu, dass die strenge Forschung selbst bekennen muss, zu einem so auffälligen, ja einzigartigen Ereignis der Naturgeschichte immer noch keinen sicheren Grund zu wissen. Lesen wir doch in dem angesehensten und jedenfalls dicksten deutschen Sammelwerk darüber, der ausgezeichneten Lethaea geognostica, von Geinitz' Hand den Satz in Sperrdruck: „Man kennt die Ursachen der Eiszeit nicht." Andererseits berührt das Problem die Wetterfrage, die seit alters eine Volksfrage ersten Ranges gewesen ist. Das Wetter ist dem Landmann zu seinem Wohl und Weh eine hervorragend praktische Sache. Immer wieder halten sich alle Überlieferungen, es sei besser geworden oder es sei schlechter geworden. Es gibt wohl keinen schlichtesten Menschen, der nicht auch nur aufgrund seiner eigenen Lebenserfahrungen einmal versucht hat, in das ewig wechselnde, Chaotische, Unberechenbare dieses Wetters irgendein Gesetz hineinzudeuten. Nirgendwo haben wir im Alltag so das Gefühl, ständig einer großen Lotterie ausgeliefert zu sein, und so sehr den Wunsch zugleich, irgendeine Rechnung zu ergrübeln, mit der man sicher die Bank sprengen könnte. In der Eiszeit aber scheinen sich gleichsam alle Wunder dieses Wetters zu vereinigen. Etwas wie eine uralte Volksangst unserer Ahnen scheint darin aufzuleben: vom Weltwinter, der alles vernichtete. Zugleich meint man, wer ihr Geheimnis löste, müsste auch den Wetterzauber von heute in Händen haben.

Nun ist solches Mitdenken im weiten Kreise an sich keineswegs zu verachten. Man soll sich immer freuen, wenn der Sinn für eine naturwissenschaftliche Frage im Volk geweckt ist. Schließlich fällt der geniale Gedankenblitz wirklich oft wahllos, der Laie kann auf das Ei des Kolumbus kommen, zumal wenn, wie hier, die strenge Forschung auch einstweilen nichts als mehr oder minder unbewiesene Vermutungen hat. Was aber zu jeder, ob nun wissenschaftlichen oder freien Mitarbeit als unumgängliche Voraussetzung nötig ist, wenn auch nur der kleinste wahre Fortschritt erzielt werden soll, das ist zweierlei.

Zunächst darf nicht ins Blaue dabei „erfunden" werden. Jede vernünftige Erklärung auf solchem naturgeschichtlichen Gebiet hat heute ihre gewisse Methode, die geachtet sein will. Etwas auf eine Ursache zurückzuführen, heißt zunächst, es an etwas sonst schon Bekanntes anschließen. Es heißt aber nicht, zu dem einen Unbekannten ein neues Unbekanntes als Ursache „erfinden". Also, um ein drastisches Beispiel zu nehmen, es ist keine Erklärung, wenn ich etwa sagen würde: Die Eiszeit entstand, weil damals die Vulkane der Erde plötzlich angefangen hatten, statt glühender Lava Eis zu speien. Oder: Sie musste kommen, weil ein Komet die Erde streifte, der Kälte aushauchte, von solchen

Eisvulkanen wissen wir so wenig etwas, wie von solchen Kältekometen, in den gangbaren Gebrauch der Wörter „Vulkan" und „Komet" wird hier rein zum Zweck etwas hineinfantasiert, und die Benutzung der Wörter ist dann bloß ein Scheinspiel, das den Hörer betrügt. Die Beispiele wirken krass, und doch sind eine Masse von Eiszeitdeutungen aus Laienkreisen und selbst manche oberflächlich wissenschaftlichen damit durchaus in ihrem Unwert bezeichnet.

Die zweite Bedingung ist dann, dass, wer sich an die Frage, ernstlich heranmacht, eine Reihe Nebenfragen kennt, die bei heutigem Stand unserer Kenntnis untrennbar damit verknüpft sind, weiß er bloß im Sinne Goethes, dass zur Erklärung der eben kurz gekennzeichneten diluvialen Tatsachen eine „Epoche großer Kälte" angenommen wird, so ist er heute doch noch nicht reif zum Weiterraten. Denn es haben sich dem einen Rätsel seither eine bestimmte Anzahl anderer angegliedert, die, an sich erst recht interessant, doch auf alle Fälle mitgelöst, also vorweg mitgekannt sein wollen. Ich bezeichne hier kurz ein paar auch dieser Hauptpunkte, die Goethe selbst noch nicht wissen konnte, die aber gerade den Reichtum andeuten, zu dem die ständig weiter schürfende Wissenschaft heute auch auf diesem Gebiet gelangt ist.

Als Goethe von seiner „Epoche großer Kälte" sprach, schwebte ihm zweifellos ein recht tüchtiges Maß Kälte vor. Wer sollte es nicht erwarten, wenn er die Alpengletscher bis in den Genfer-

und Bodensee und schwedisches Eis bis ins Hirschberger Tal denkt. Agassiz, der als bibelgläubiger Mann immer eine Neigung spürte, in der Eiszeit eine Unterlage der weltumstürzenden Sintflut zu entdecken, hätte gern die ganze Erde unter furchtbarsten Minusgraden erfrieren lassen. Ein nüchterner Kopf wie Neumayr hat dagegen nachgerechnet, dass man schon mit einem Temperatursturz von bloß 5 —6° C im Durchschnitt weniger als heute alle wirklich sicheren Erscheinungen der Eiszeit in Europa auslösen könnte. Die Schweizer Schneegrenze würde sich um mehr als 1000 m tiefer legen, und die heutigen Alpengletscher müssten bis Lyon und Ulm rücken, während am Titisee im Schwarzwald aus den Schneegruben Gletscher flössen. Mehr als diese im Höchstmaß 6° abwärts brauchte also keine Theorie zu erklären, während man freilich zugleich sieht, wie viel schon solche paar Grad gegen unser so viel verlästertes gegenwärtiges Klima bedeuteten.

Aber nicht einmal dieser Tiefstand soll während der ganzen Eiszeit angedauert haben. Als in der sogenannten Höttinger Breccie, einem alten verkitteten Bachschutt bei Innsbruck, zwischen zwei abgelegten Schotterhaufen des Eisriesen eine Einlage mit noch erkennbaren Resten pontischer Azaleen und des italischen Erdbeerbaumes (Arbutus), den Horaz besingt und der ganz gewiss nicht nach Eiszeit ausschaut, gefunden wurde, kam zuerst die Lehre von den „Interglazialzeiten" (Zwischeneiszeiten) auf, — wärmeren Schaltzeiten, die sich mehrfach noch in die eigentliche Kälteepoche hineingeschoben hätten. Über diese weniger gestrengen Zwischenlagen gehen ja die Meinungen der Sachkenner heute noch ziemlich weit auseinander. Die einen rechnen mindestens drei solcher Schaltkapitel, womit wir folgerichtig eigentlich vier getrennte diluviale Eiszeiten hätten statt einer. Das Schulverslein gleichsam, das Penck und Brückner nach Flüssen des bayrischen Alpenvorlandes dafür geschaffen, zählt sie als Günz-, Mindel-, Riß-, Würm-Eiszeit her, wobei je eine günzmindelische, mindelrißliche und rißwürmliche Wärmepause den Einschlag gebildet hätten; die Rißkälte soll die schlimmste gewesen sein, wer ganz kühn ist, lässt in den Interglazialzeiten überhaupt alle Schrecknis wieder heruntertauen, Binneneis und Riesengletscher schwinden, sodass wirklich jede neue Eiszeit wie ein neues Wunder vom Himmel gefallen wäre. Nun ist kein Zweifel, dass es in den Randgebieten des großen Eises überall so aussieht, als hätten gewisse Pausen tatsächlich in das Hauptdrama irgendwie hineingespielt. In Spanien und Frankreich, wo niemals Binneneis gelegen hat, aber auch am deutschen Südrand glaubt man eine ältere, wärmeliebende, fast noch afrikanisch anmutende Tierwelt jedes Mal wieder einziehen zu sehen wie auf der Spur eines milderen Frühlingslüfterls, das plötzlich dem vernichtenden Eishauch für ein Weilchen entgegenarbeitete. Und gleichzeitig scheinen im Alpengebiet die Gletscher ähnlich den Schnecken in ihre Häuser zurückgekrochen zu sein wie unter einem geheimnisvollen klimatischen Gegenbefehl. Auch die Spuren trockener Steppenzeiten schalten sich recht verwunderlich in das Diluvium ein, deren Stürme in den Randzonen unendlichen gelben Staub (sogen. Löß) gehäuft und die man schwer anders unterzubringen weiß, als eben auch in solcher wärmeren Interglazialstimmung. Aber die Zweifler von der andern Partei meinen, dass es sich bei alledem mehr oder weniger nur um eine Randerscheinung gehandelt habe, bei der das Haupteis nicht rückte noch regte. Solche Südgärtlein zwischen dem Eis wie das Idyll der Höttinger Breccie könnten nach ihnen den wunderbaren „Eiswäldern" Alaskas entsprochen haben, wo heute noch in der Tat große Fichten-, Birken- und Ahorn-Urwälder samt ihrem Unterholz und Heidelbeergestrüpp nur durch eine dünne Isolierschicht erdreichen Moränenschutts getrennt unmittelbar auf dem kriechenden Gletscher wachsen. Die Sache ist noch im Fluss. Inzwischen muss aber, wenn auch nur die Freunde der zeitweise größeren Randwärme recht behalten sollen, irgendetwas da doch in die Eiszeit im Ganzen hineingewirkt haben, das zeitweise etwas am Thermometer rückte, — und auch diese Interglazialfrage muss die Erklärung also miterklären.

Ein dritter Punkt betrifft dann, wie sich auch während schlimmster Eiszeit im Norden die übrige Erde verhalten habe. Als einstmals Herr Agassiz das Eiszeitthermometer seiner Schweiz gar nicht grauenhaft tief genug sehen konnte, da erwartete er bestimmt, dass auch in den tropischen Urwäldern am Orinoko zuletzt noch Kritzelhieroglyphen und Geschiebelehm auftauchen müssten. Davon kann nun in der Weise heute wieder keine Rede sein. Aber was man allmählich auch dazu wirklich gefunden hat, das waren starke Vergletscherungs-, d. h. Gletschervergrößerungsanzeichen für die Diluvialzeit auch gewisser Gebiete der Südhalbkugel. Auch die Alpen Neuseelands hatten zu irgendeiner Stunde damals stärkere Gletscher, die Berge Australiens, das südamerikanische Feuerland, das antarktische Kerguelenland tragen deutlich lesbare diluviale Eishieroglyphen. Sollte das genau gleichzeitig mit dem Nordeis gewesen sein, so würde es besagen, dass die Eiszeit „bipolar" war, das heißt, dass ihr Klimasturz über beide Erdpole zugleich ging. (Oder, was auf die wichtigste Folge hinausläuft: dass eine gewisse Abkühlung damals um die ganze Erde schritt, wenn sie auch natürlich mit ihren paar Grad Kältesturz nicht gleich den Äquator mitvereisen konnte. Immerhin meint man neuerlich auch bis in diese Äquatorialländer doch etwas verfolgen zu können wie eine gleichzeitige starke „Pluvialzeit", also eine extrem nasse Regenperiode, die man an alten Flussläufen der Sahara, höherem Nilstand und viel üppigerer Seenfüllung im äquatorialen Afrika wie an einem geologischen Pegel ablesen will. Und die erfolgreichen tropischen Hochalpenfahrten Hans Meyers von Leipzig, der uns zuerst den Kilimandscharo bestiegen hat und am Chimborasso und Kotopaxi viel weiter geklettert ist als selbst Humboldt, haben auch an diesen tropischen Schneeriesen allenthalben jetzt verlassenen Moränenschutt erwiesen, der auf eine niedrigere Schneegrenze und also größere Gletscher der Diluvialzeit gedeutet worden ist. Auch das muss der Eiszeitenträtseler also als möglich aufnehmen, wenn es auch dazu nicht an Gegnern fehlt. Sie fragen, warum nicht bei richtig bipolarem Verlauf das südliche Landeis noch viel weiter ging, z. B. in Südamerika entsprechend über ganz Argentinien, Paraguay und Bolivien floss, oder ob jene Gletscherschwankungen am Kilimandscharo nicht bloß Lokalerscheinungen unter örtlichen kleinen Temperaturperioden, die bis heute dauern, sein könnten usw. wobei aber gerade solche Lokalgründe, etwa andersartige Land- und Wasserverteilung, auch wieder das Eiszeitbild der Südkugel schon damals von dem unserer Nordhalbkugel verschieden gestaltet haben könnten auch bei echt bipolarem Verlauf. Man bleibt auch hier in Debatten, aber berücksichtigt müssen diese Fragen werden, ob so oder ob so.

Nun aber noch zwei ganz große Dinge, zeitlich nicht auf die diluviale Eiszeit selber fallend, aber ganz und gar nicht mehr von ihr zu trennen, seit man sie hat. Goethe waren auch sie noch durchaus fremd, aber wie hätten sie ihn erregen müssen!

Die diluviale Eiszeit war, um immer noch einmal das Leitmotiv anklingen zu lassen, für ihn eine „Epoche großer Kälte", heute ist's entschieden wieder wärmer bei uns. An sich ist schon das wieder eine recht beherzigenswerte Tatsache: Der große Schüttelfrost unseres Planeten ist also doch noch einmal vorübergegangen, wie er, wenn die Interglazialzeiten wirklich bestanden haben, auch in sich selbst bereits fieberfreiere Momente gehabt hätte. Ob unsere Wiedererwärmung in geschichtlicher Zeit noch zugenommen, darüber streitet man sich ja auch wieder. Es wäre ganz gewiss sehr interessant. Aber gerade die besten Kenner schwanken. Afrika und Zentralasien sind auch seit Völkergedenken wohl sicher noch mehr ausgetrocknet, dort klänge also ersichtlich noch jene Pluvialzeit vor uns weiter ab. Dagegen hat sich das früher gerne behauptete klimatische Dürrwerden der Mittelmeerländer wenigstens im größeren Umfang nicht als stichhaltig erwiesen, wo es seit dem klassischen Altertum eingetreten sein sollte, hat Verkarstung des Bodens durch leichtfertiges Abholzen der Wälder, Zerstörung alter künstlicher Wasserleitungen und allgemeiner Fluch orientalischer Misswirtschaft den Löwenanteil gehabt, also Mensch gegen Natur, nicht Natur gegen den Menschen, wenn es umgekehrt gelegentlich ein Beweis für erneute Temperaturabnahme sein sollte, dass vor 800 bis 900 Jahren der Weinbau bei uns noch viel weiter nördlich gegangen wäre, so hat sich freilich auch das als böser Trugschluss herausgestellt, denn nicht Klimawechsel, sondern Wirtschafts- und Kulturgründe (Geschmack an feineren Weinsorten und billigere Transportmittel) haben auch hier die eigene Zucht eingehen lassen. Und eine kleine periodische Wetterschwankung, die anscheinend durch die ganze historische Zeit geht (ich komme unten noch auf sie), darf ebenfalls nicht hierher gezogen werden. Ganz unzweideutig aber jetzt ist wieder der echt geologische Befund: vor der Eiszeit war's unvergleichlich viel wärmer in großen Gebieten der Erde als heute dort nach ihr.

Vor — oder wenn man von uns aus rückwärts denkt, hinter der Diluvialzeit mit ihrem großen Klimasturz liegt in der Sprache des Geologen die Tertiärzeit. Schon da, wo die Diluvialzeit in diese Tertiärzeit übergeht, also zeitlich einmal wieder schätzungsweise jenseits der letzten halben Million Jahre von uns zurück, merkt man aus allen Anzeichen, wie das Klima sich offenbar wieder hebt. Es geht zunächst mindestens wieder auf den heutigen Stand. Schon dabei wird man aber etwas stutzig, wenn riesige Elefanten damals bei uns lebten, so wird man das noch nicht ohne Weiteres auf milderes Wetter deuten, denn kältefeste Elefanten haben auch noch in der Eiszeit selbst bei uns ausgedauert. Aber das Nilpferd schwamm in der Themse, das wir heute in unsern nordischen Tiergärten nur in geheizten Decken über den Winter bekommen. Und so wie wir jetzt noch ein Stück tiefer in die Tertiärzeit selber hineingehen, werden auch die gesteigerten Wärmezeichen unzweideutig.

Die Pflanzenwelt, die stets das feinste Thermometer bildet (haben wir doch von den lappländischen Pflänzchen hier am Schneegrubenhang noch die Eiszeit selber abgelesen), wird bei uns in Europa zunächst subtropisch, wie man das nennt, also als rückte der Mittelmeerrand bis zur Ostsee, und dann wird sie in weiten Teilen überhaupt ganz tropisch, als kämen Wendekreis und Gleicher zu uns ins Land. Auf der Höhe der Zeit wachsen in Südfrankreich kolossale Fächerpalmen mit anderthalb Metern langen Blattwedeln neben Drachenbäumen, Pisangs, Kampfer und Zimmet, Aralien, afrikanischen echten Akazien aller Art, der Ceibabaum (Bombax) mit seinen Baumwollfrüchten wird charakteristisch, wie er es heute mit seinen gewaltigen Stammsäulen für die heißesten Tropenwälder Kameruns oder Brasiliens ist. Bei Verona stehen Eukalypten, Sandelholzbäume, Cäsalpinien. Über ganz Deutschland zogen sich die Palmenhaine bis in die Bernsteinwälder jenseits des heutigen Samlandes, Sabal, Phönix, am schönen Rhein sogar Kokos, aus den englischen Küstensümpfen hoben sich die kurzstämmigen Nipas und warfen ihre Schwimmfrüchte ins Brakwasser wie jetzt bei den Tigern und Krokodilen des Gangesdeltas. Pandanus, Bambusrohr, Baumfarne vervollständigten das Bild, und auch über die tropische Tierwelt kann diesmal wohl kein Zweifel sein, wenn man in diesen Wäldern von bunten Papageien, goldschimmernden mexikanischen Trogons, dem südafrikanischen Kranichgeier (Sekretär), Salanganen (den Schwalben der berühmten „essbaren" Vogelnester) neben den Tapiren, Zwerghirschen und Okapis des tiefsten Tropendschungels hört, warm, wie das Land, muss der Ozean der Küste gewesen sein, sodass noch am Nordrand des vergrößerten tertiären Mittelmeers Korallentiere ihre hohen Riffe türmen konnten, deren überlebende Gattungen heute in den Südmeeren eine beständige Wasserwärme von 20° erfordern. Ist die diluviale Eiszeit ein klimatisches Wunder, das nach Erklärung schreit, so wächst uns hier mindestens ein ebenso großes, wenn auch genau entgegengesetztes zu, ohne dessen Berücksichtigung jede Erklärung dort immer nur halb sein kann.

Die tertiäre Wärme, selber einmal fest zugestanden (und das ist sie heute ohne Widerspruch), umschließt aber noch ein engeres Problem in sich, wenn wir im Diluvium grönländische Eisdecken auf mehr als halb Europa und Nordamerika sehen, so werden wir zunächst den Pol selbst für diese Zeit erst recht unter Eis begraben denken. Umgekehrt im Tertiär: Wenn hier die Tropen bis zu uns nach Deutschland rückten, werden wir fragen, ob es damals überhaupt einen Eispol gegeben haben könnte. Und in der Tat wissen wir von vereisten Gebieten dieser Zeit nichts, wohl aber sehen wir in den unzweideutigsten Funden eine Pflanzenwelt sich damals selbst bis in hohe arktische Breiten hinaufziehen, die auch dort noch auf eine ganz gewaltig erhöhte Wärme deutet. Der große Schweizer Paläontologe Heer, menschlich einer der liebenswürdigsten Forschergestalten neuerer Zeit, hat seit den 60er Jahren des 19-ten Jahrhunderts mit von Fall zu Fall immer verblüffenderen Mitteilungen in diesen Sachverhalt eingeführt.

EISZEIT UND KLIMAWANDEL

Kühne Polarforscher, die unter den namenlosen Schauern ihrer Pionierzüge da oben noch Zeit gefunden, vorweltliche Pflanzenabdrücke auf altem Tertiärgestein zu sammeln, versahen ihn mit dem nötigen Material, das unter seiner kundigen Deutung nun zum Ereignis wurde. Um 82° nördlicher Breite, in Nordamerika, äußerster Fleck damals des geografisch Erreichten auf dem Wege zum Pol selbst, mit einem Jahresmittel gegenwärtiger Temperatur von -20° C, zeigten sich alttertiäre Wälder von Taxodium distichum (Sumpfzypressen, heute nur noch in den südlichen Mississippisümpfen heimisch), Pappeln, Linden, Haselnuss, Schneeball, Fichten, Kiefern, Eiben, die einen See mit wallendem Schilfrohr und Teichrosen etwa wie unsern Friedrichshagener Müggelsee umschlossen. Auf Spitzbergen wuchsen neben Massen von Pappeln großblättrige Eichen und Ahorne, aber auch Walnuss, Platane, Magnolie, Zypresse und der jetzt noch wegen seiner Domturmhöhe berühmte, aber wie ein aussterbender Urrest auf ein paar Haine der kalifornischen Sierra Nevada beschränkte Mammutbaum (Sequoia oder Wellingtonia). Grönland selber hatte beim 70.° den schönen, lichtgrünblättrigen chinesischen Ginkgo, immergrünen Lorbeer und Weinreben, als bewege man sich zwischen der lieblichen Flora von Montreux. Gewiss: man wandelte hier oben auch damals nicht mehr unter Palmen, aber noch immer nahe der Grenze mindestens der subtropischen Welt. Und damit auch diesmal die Sache „bipolar" aussehe, haben sich seit Heers Tagen entsprechende Waldspuren mit riesigen Zypressenstämmen und Buchenlaub im Bereich des Südpols gefunden.

Auf den ersten Blick sieht auch das alles ja nur wie eine Bestätigung der allgemeinen tertiären Wärme aus. Aber es steckt noch eine besondere „Crux" darin, wie die alten Philologen vor ihren unlösbaren Textstellen sagten. In so hohen Breiten gibt es bekanntlich gar wundersame Beleuchtungsverhältnisse. Eine mehrmonatige Dauernacht beginnt sich wie ein schwarzer Fittich über die verarmte Erde zu breiten. Jene Polarforscher wissen nicht genug davon zu erzählen, wie eigentümlich diese verkehrte Welt auf Menschengemüt und Menschenkraft wirkt, wie aber sollen immergrüne Waldungen solche Polarfinsternis ausgehalten haben? Mag man die Wärme im Ganzen auch dort noch so sehr steigern, so bleibt doch der gewaltige Gegensatz dieser sonnenlosen Dauernacht, in der die Temperatur extrem fallen musste. Selbst die Tropen, an den Pol versetzt, würden in diesem Sinne nicht mehr Tropen sein. Und der reine Lichtmangel selbst? Man hat an Tropengewächse erinnert, die in dunklen Treibhäusern überwinterten, oder an die Legföhren und Alpenrosen des Hochgebirges die unter ihrem Schnee auch kein Licht erhielten. Aber hier ist das dunkle Treibhaus besonders geheizt oder die Pflanze ohnehin ein wetterhartes Wintergewächs. Auf jeden Fall würde man machtvolle Anpassungswandlungen für da oben erwarten, — während doch die Dinge ganz und gar so erscheinen, als hätten sie sich am wirklichen Müggel- oder Genfer See abgespielt. Die Biologen haben denn auch immer den Kopf geschüttelt zu diesem halbdunklen Paradies, will man ehrlich sein, so muss doch auch hier jede echte Wettertheorie erst etwas Geheimnisvolles entzaubern.

Unterdessen gibt aber selbst die ganze Tertiärfrage nicht den Schluss, — hinter ihr wächst nochmals heute das Unberechenbarste auf. Läge es doch nahe, aus der paradiesischen Erdwärme von damals nun auf ähnlichen Stand wenigstens für den weiteren Erdgeschichtsrest zu schließen, hinter dem Tertiär dehnen sich zeitlich die großen Blütenalter der drachenhaften Saurier, und diese Saurier waren als Reptile nach gangbarem Schluss alle „wechselwarm", also nur recht munter und lebensfähig, wenn ihnen die Sonne ordentlich aufs Blut brannte. Und in der Tat sehen wir auch in Jura und Kreide zunächst wieder dicke Wälder von Sagopalmen (Zykadeen), die uns heute wie ein Südseeidyll anmuten, bis Grönland und Franz-Joseph-Land wachsen. Ein ganz geringer Zonengegensatz soll sich allmählich zwar geltend gemacht haben, doch würde (abgesehen vom argen Schwanken der Deutungen) das nicht anders sein als im Tertiär, wo auch polar zwar Magnolien, aber doch keine Palmen mehr standen. Jedenfalls schwamm der berühmte Ichthyosaurus zu seiner Zeit ruhig bis nach Spitzbergen, und an allen deutschen Küsten grüßten ihn wieder die bunten Korallenriffe des Heizwassers. Über das noch ältere Klima der Steinkohlenzeit ist dann noch Streit. Früher hielt man's überall für geradezu extrem tropisch bis ins äußerste Sibirien und Nordamerika hinauf. Dann bestritt man das, weil sich Torfmoore (wie man sie für die Steinkohle brauchte) im echten Tropenklima nicht halten sollten. Dann wieder ist auch das widerlegt worden, und heute hält man wenigstens für die Fülle der Zeit ein bei sehr großer Feuchtigkeit gemäßigt warmes Klima für das wahrscheinlichste. Im ganz alten Silur kommen schließlich nochmals nordische Korallenriffe vor, jetzt sogar auch sie hochpolar, wobei für diese jede dunkle Tiefe scheuenden Pflanzentiere auch die Lichtfrage noch einmal wiederkehrte. Alles gut, aber so leicht stimmt die Rechnung abermals nicht. Die Folgerung wäre, dass alle jene ehrwürdigen Tage bis zum grauesten Lebensbeginn und wohl gar Ursonnenstand der Erde nun gar kein Eis gekannt hätten. Grade das werfen neuere Funde aber erst recht um.

Wenn auf Neuseeland heute mal ein Gletscher bis in den dort noch fast steinkohlenhaften Farnwald langt, so könnte schließlich von sehr hohen Gebirgen aus so etwas ja auch in der echten Steinkohlenzeit gelegentlich geschehen sein. Über darum allein kann sich's unmöglich handeln bei dem, was zuerst 1856 im südlichen Vorderindien, also ausgespart jetzt in den heutigen wirklichen Tropen, aufkam. Dort stießen englische Geologen auf unzweideutige Eisspuren. Auf älterem Gestein lag eine tonig-sandige Schicht, im Innern dicht durchspickt mit für diese Gegend fremden, lose verschleppten Gesteinsscherben von bezeichnender Schrammung, — also die alte Sachlage: Geschiebelehm. Bloß aber, dass dieser Geschiebelehm diesmal nicht diluvial war, sondern selber schon uralt. Er gehörte zu den sogenannten Gondwanaschichten von der Grenze der Steinkohlenzeit und der nächsthöheren Permzeit, dort als Talchirschichten bezeichnet. Als ungefähr 20 Jahre später auch dort die gleiche Entdeckung anschloss, durch die sich Torell in Rüdersdorf berühmt gemacht: Nachweis noch älteren geglätteten Grundgesteins durch die Schleifarbeit des Gletschers selber, der den Geschiebelehm gebracht hatte, ließ kein Zweifel, dass es sich um eine große Oberflächenvereisung auch für damals handeln musste. Und als sich in der Folge noch zwei Tafeln solcher Eisschrift ziemlich weit herum im Land fanden (eine davon schon fern im Salt Range oder Salzgebirge am oberen Indus), schien erwiesen, dass diese Vereisung zu ihrer Zeit über ganz Vorderindien gegangen, wie die diluviale über Norddeutschland. In besagten Salzbergen müsste sie gegen ein nördlich hier anschließendes Meer abgebrochen sein, noch glaubte man deutlich auf die Erlebnisse einer immer erneut gefrorenen Schlammküste zu sehen, wo die miteingefrorenen Blöcke zu seltsamen spiegelglatten Flächen abgeschliffen worden waren.

Aber wieder: Wie die diluviale Vereisung sich nicht auf Europa beschränkt, sondern auch über Nordamerika hatte verfolgen lassen, so sollte es auch diesmal nicht bei Indien bleiben. Ganz die gleiche Lage für gleiche Zeit konnte seit

1870 im südlichsten Afrika nachgewiesen werden, also jenseits jetzt des Äquators nach der andern Seite bis über den Wendekreis hinaus. Dort entsprach die unterste Lage des sogenannten Karroogesteins im Kapland genau der indischen Talchirschicht, und auch diese afrikanische Dwykaschicht, wie man sie nach einem Fluss dort nannte, bildete richtiger Geschiebelehm auf abgehobeltem Urland. Ja eine dritte Ecke tauchte im australischen Gebiet auf. Dort hatte das uralte Eis das ganze Südostviertel von der Mitte bis zur Küste von Südaustralien, Viktoria, Neusüdwales und bis nach Tasmanien hinein verhobelt, um schließlich auch an einem geheimnisvollen nordöstlichen Eismeer, in das seine Eisberge schwammen, zu enden, verknüpfte man diese drei Schauplätze im Geist und sah den Eisblink über das ganze Zwischengebiet schreiten, wo allerdings jetzt der Indische Ozean blaute, so blieb keine Wahl vor dem Ungeheuren: Man stand vor einer zweiten, so viel früheren Eiszeit, einer permischen ungefähr.

Die Tatsache solcher schon einmal um 20 und mehr Millionen Jahre der diluvialen vorausgegangenen Ur-Eiszeit, auf die erst noch wieder jene hohe Erdwärme der Sauriertage und des Tertiärs gefolgt wäre, hat allerdings zunächst etwas geradezu Niederschmetterndes. Die Widersprüche des Klimas scheinen damit auf dem Gipfel. Ich erinnere mich noch aus kleiner eigener Erfahrung, wie ich vor etwa 20 Jahren gelegentlich in einem Aufsatz dieser Permeiszeit gedachte und deswegen von einem wissenschaftlichen Kritiker, der noch nicht verfolgt, was da anwuchs, böse angefahren wurde, ich solle doch nicht so offenkundigen Unsinn ans Volk verzapfen. Und doch standen die Grundtatsachen damals schon fest und stehen heute fester als je; jedes Lehrbuch verzeichnet sie. Dabei ist aber schließlich gar nicht so sehr der entlegene Zeitpunkt dieser Voreiszeit das so ganz Merkwürdige geblieben, sondern ihr Ort. Man muss sich zum Verständnis einen Augenblick die Erdkarte jener Steinkohlen- und Permzeit vergegenwärtigen.

Jene drei Ecken: Indien, Kapland und Australien, lagen damals aller Vermutung nach eingegliedert in einen großen Erdteil, den Sueß nach jenen indischen Schichten das Gondwanaland genannt hat. Irgendwie angegliedert war ihm wohl auch Südamerika. So bildete es einen kolossalen südlichen Block, der Jahrmillionen lang halb ringförmig einem entsprechenden nördlichen, in dem Nordasien, Europa und Nordamerika steckten, gegenüberlag, durch einen Meeresgürtel, der in der Fortsetzung unseres Mittelmeers Asien durchquerte, die Tethys, gesondert. Über diese weite südliche Landfläche werden wir uns nun auch jene Eisdecke erstreckt denken müssen, wobei verwunderlicherweise die Richtung der Eishieroglyphen nicht dafür spricht, dass sie sich vom Südpol bis an den Äquator herunterdachte. Der Eisfirst scheint vielmehr stark gegen den Äquator selbst zu gelegen zu haben, sodass das Eis über Südafrika von Norden floss, während es über Indien die Gestade der Tethys und über Australien die des Stillen

Ozeans vereiste. Soll der First doch mit dem Südpol in Verbindung gedacht werden, so müsste dieser Pol damals bis über die Mitte des Indischen Ozeans verschoben gewesen sein, will man aber die Vergletscherung gar bis Südamerika dehnen, wo neuerlich in Brasilien ebenfalls starke Eisspuren entdeckt worden sind, so wäre damals Eis sozusagen als Halbring mit dem Äquator um die Erde geflossen. Unwillkürlich fragt man vor dieser unerhörten Vorstellung, wie denn die gleichzeitigen Dinge im Nordpolargebiet gewesen sein sollten. Nun, von einer allgemeinen Vergletscherung etwa auch bei uns in Europa kann wohl nicht die Rede sein. Immerhin sind im permischen Rotsandstein Westfalens unzweideutige Gletscherspuren örtlich nachgewiesen worden. Sie könnten einem einzelnen vergletscherten Gebirgsgebiet verdankt sein, aber auch dessen Dasein spräche für einen gewissen Klimasturz auch da drüben. Mag in den letzten Punkten noch einiges schwanken: so viel bleibt, dass jede künftige Eiszeittheorie, die nicht sofort totgeboren sein will, auch das Wunder dieser Permeiszeit mitumfassen und deuten muss, mindestens mit ihrer Lage zum Äquator und ihren drei Haupt-Fixpunkten Indien, Südafrika, Australien.

Wobei immerhin auch schon hingewiesen sei auf ein letztes dräuendes Gespenst einer noch weiter obliegenden dritten Eiszeit in der vollends entlegenen algonkisch-kambrischen Zeit, der man gegenwärtig auf der Spur ist. Das wäre nochmals eine weite, weite Kette von Jahrmillionen zurück. Abermals müsste das Klima vor der Permeiszeit in den Wärmegraden hoch heraufgegangen sein, um dann (rückwärts geschaut) nochmals in entsetzlichem Fall abzusinken, wie fern das gewesen wäre, liest man am Lebensbuch der Erde: Dort herum beginnt für uns die erste unzerstörte Überlieferung von Leben überhaupt, noch scheint es keine Landpflanzen und Landtiere gegeben zu haben, Morgenrot liegt über allem. Und doch auch da schon, unter diesen, man möchte sagen, auch noch nahezu mythischen Verhältnissen, die geheimnisvoll beredte Gletscherschrift auf Nordamerika, der Gegend unseres Nordkaps, dem fernen Spitzbergen, der öden Lenamündung in Sibirien, ja im späteren Permgebiet des gleichen Südafrika und Südaustralien selbst, vielleicht sind es mehrere Eiszeiten, nordische, äquatoriale, die uns da verschwimmen, denn so unfassbar lang waren jene Urtage, die ein Wort wie algonkisch und kambrisch umgreift, dass vielleicht für ganze Abstände wie permisch zu diluvial darin noch einmal Raum gewesen ist. Jedenfalls aber, wenn sich auch diese Dinge bestätigen, wächst damit die Wahrscheinlichkeit, dass wir es im Ganzen der Erdentwicklung bei diesen Eiszeiten mit periodischen, über ungeheure Abstände hin fortgesetzt wiederkehrenden Erscheinungen zu tun haben — und auch das muss fortan jede Theorie in Rechnung ziehen.

Klassische Erklärungsversuche

Wir wenden uns zu solchen Theorien jetzt selbst. Denn das ist vollends Grundnotwendigkeit jedes neuen Erklärungsversuchs, dass ein gewisser auserwählter Kreis bester schon vorhandener Deutungen vorher durch und durch gedacht sei, — sei es selbst, dass keine davon schon für endgültig richtig gelten soll. Gedankenschweiß fast ohnegleichen steckt in diesen klassischen Deutungen bisher, und schon um seinetwillen sollen sie uns ehrwürdig sein in der menschlichen Geistesgeschichte. Durch Himmel und Erde ist der Blick geschweift, diese alten Wunder zu deuten, — und zwar war es der Himmel, an dem er zunächst gar lange haften sollte.

Es sind ein paar einfache Bilder, die sich davor Augen stellen. Einfach und doch von kosmischer Erhabenheit. Im eisig kalten Raum schwebt unsere Erde. Eisig ist dabei nur ein stammelndes Wort. Es handelt sich um Kältegrade, bei denen die Bestandteile unserer Luft gerinnen würden. Die Ziffer wird heute meist nicht fern von dem sogenannten absoluten Nullpunkt, also -273° C, angesetzt. Durch diese Gegenhölle weht der feine kosmische Staub, aus dem sich vielleicht Welten ballen, stürzen die Meteorblöcke, in die vielleicht Welten wieder zerfallen sind, hindurch äugen wie Blumen des sich erschließenden und wieder abblühenden Weltengartens die blauen, gelben und roten Fixsternsonnen. Aber nur eine davon ist uns so nahe, dass sie uns wirklich vom Bann dieser erbarmungslosen Raumkälte erlösen kann: Unsere eigene Sonne. Schon in Tagen, da man von diesem wahren Sachverhalt nichts ahnte, pries frommer Glaube sie als das Segensauge der Gottheit für uns. Der Landmann dachte dabei an sein Korn, seine Traube, die sie reift. Um aber den ganzen Gegensatz zu empfinden, muss man jene Schilderungen unserer Polarfahrer lesen: wie sie die Monde der Polarnacht hindurch mit ihrem Schiff im Eis eingekeilt saßen, inmitten völliger Verödung des Lebens, bloß gerettet durch die paar Stückchen mitgebrachter Steinkohle (also alter Sonnenwärme der Urwelt selbst, in Stein gebannt), bis endlich das Gestirn wieder aus dem roten Dämmer blickte. Sie haben etwas durchgemacht von einer wirklichen „Eiszeit". Und so ist es ein nächster Gedanke, auch Sonne und Eiszeit in der Theorie zu verknüpfen. Ob die Sonne damals ihr segnendes Auge für eine Weile geschlossen haben könnte oder doch bloß blinzelte, sodass die Polarwüste mehr Macht gewann?

Es ist aber noch ein anderes da vorweg zu erwägen, was auch kein alter Sonnenanbeter mit noch so viel Metamorphosen seinen Göttern und Helden ansinnen konnte, das ist uns geläufig: Unsere Erdkugel ist in entlegensten Tagen wohl selber einmal eine kleine Sonne gewesen, die sich selbst geleuchtet, sich selbst gewärmt hat. Heute ist der Rest nach gangbarer Meinung in die schaurigen Tiefen unter der Erstarrungsrinde eingemauert. Aber könnte die alte Titanin nicht auch von da drinnen noch lange auf unser Klima eingewirkt haben?

Der Gedanke gipfelt darin, dass wir ehemals noch eine Fußheizung gehabt hätten. So müsste es warm sein bis zum Pol, denn der innere Ofen legte vielleicht noch bis zum Doppelten der Sonnenhilfe zu. Und erst als die Zentralglut sich immer dicker abkapselte, bedeckten sich die Pole mit Schnee, die Eiszeit kam, und wird immer furchtbarer wiederkehren. Die Theorie ist eine der ältesten, scheint noch immer die einfachste und ist doch am leichtesten zu widerlegen.

Sie erklärt nicht, warum das Klima sich seit der Eiszeit wieder gehoben hat. Heizte der innere Ofen seit Ende des Tertiärs bereits so schwach, dass die Sonne des Eises nicht mehr Herr werden konnte: Warum sind wir dann nicht in der Eiszeit geblieben? Sie steht ebenso ratlos vor der Permeiszeit. Um sie zu deuten, müsste sie ein periodisches Nachlassen und wieder aufflackern des Erdofens annehmen, das seit Jahrmillionen bereits wärmere und kältere Erdzeiten wechseln ließ. Das aber wäre eben ein Beispiel schon jener oben gerügten Fantasiearbeit, — um die Annahme der inneren Heizung zu retten, wird bloß zum Zweck eine zweite, völlig unbewiesene Annahme: Periodischer Wechsel solcher Heizung, gemacht. Doch selbst ohne das wäre die Bodenheizung, ich möchte sagen, technisch gar nicht so leicht zu verstehen, wie es auf den ersten Anblick scheint. Gewiss hat die Erde seit Urtagen gelegentlich und örtlich mit Hitze von innen heraus gewirkt. Diabas, Porphyr und Basalt sind als glühende Lava durch die Erdenzeiten geflossen, heiße Quellen haben mollige Badestuben gebildet, wie wir deren eine schon im Tertiär von Steinheim in Schwaben nachweisen können, zu der von weit her die Urpferde, Flussschweine und Nashörner der Gegend sich wie zu einem „Badeort" versammelten, während die Hitze des Wassers die einwohnenden Schnecken (Planorbis) zu seltsamen Formverwandlungen trieb. Aber um wirklich den Erdboden so zu heizen, dass von innen etwa noch einmal die ganze äußere Sonnenwärme hinzugebracht würde, müssten (mit Frechs Rechnung) schon bei 10 m Tiefe des Sandstein- oder Kalkbodens 1000° C oder volle Rotglut unter unsern Füßen herrschen, was größere Baumwurzeln bereits mit Sengen bedrohte. Umgekehrt kennen wir aus den algonkisch-kambrischen Urtagen Sandsteinablagerungen von 2000 m Dicke, die nicht die geringsten inneren Verbrennungen (sogen. Kontaktspuren) zeigen, als wenn Wärme durch sie bis zur Oberfläche aufgestiegen wäre (Walther). Es wird nichts übrig bleiben, als dass unsere „innere Sonne" schon so ganz früh gleich Lava unter dünner Haut bis zur Unkenntlichkeit abgesperrt war.

Wenn aber die Sonne allein die gütige Geberin war, konnte nicht auch ihr Füllhorn im langen Zeitenlauf nachgelassen haben? An ferne Sonnengestade führt uns der Gedanke. Auf die zauberhaft schöne Tropeninsel Java mit ihren Palmenparadiesen und dampfenden Vulkanen.

Dort wurden im Tuff einer wohl frühdiluvialen Vulkankatastrophe jene seltsamen Knochen des halb affen-, halb menschenhaften Wesens Pithekanthropus gefunden. Die Fundstätte ist interessant für die Eiszeit selbst, die in fluchtartigen Tierwanderungen und einer Flora größerer Feuchtkühle damals, scheint es, schon bis dort hinüber anklang. Uns aber fesselt der Mann, der den einzigartigen Fund getan: Eugen Dubois. Gleichzeitig da drüben in den Tropen hat er auch das beste neuere Buch über die Sonnentheorie (solare Theorie) der Eiszeit geschrieben (erschienen 1893).

Die Sonne, so dachte sich damals der geistreiche und vielseitig kundige holländische Forscher, ist ein Fixstern wie die andern, bloß weiter entfernten unseres nächtlichen Firmaments. Auch sie muss im kalten Raum beständig fortschreitend erkalten. Zwar ersetzt sie für die Beobachtung kurzer Zeiträume ihren Wärmeverlust nach dem ewigen Kraftgesetz wieder durch eigene Zusammenziehung; aber auch das hat Grenzen. Schon sehen wir im Raum neben ihr jene blauen, gelben, roten Schwestersonnen. Sie selbst ist gelb, von den blauen Sonnen nimmt man an, dass sie noch heißer sind als sie, von den roten, dass sie schon weniger warm. Sie war einmal blau und wird abglühend rot werden, ehe sie ganz erlischt wie jene Gespenstersterne im All, deren Dasein wir nur rechnend noch aus ihren Schwerewirkungen erschließen. Eine oft benutzte Theorie nimmt an, dass die Sonnenflecken bereits Anzeichen des beginnenden roten

Stadiums bei ihr sind. Diese Sonnenflecken scheinen sich periodisch zu vermehren: Vielleicht stehen wir dem endgültigen Rotstand schon sehr nahe, wie wir Sterne haben, die periodisch heller und wieder schwächer glänzen, schwankt vielleicht auch die Sonne bereits in größeren Zwischenräumen zwischen Gelb und Rot auf und ab. Rot bedeutet stärkeres Auftreten chemischer Verbindungen, die weniger Wärme strahlen. Nun übertragen wir das auf geologische Zeiten. In älteren Tagen leuchtete die Sonne uns noch blau und gab damals also ebenfalls viel mehr Wärme. Unsere Tropen wurden dabei doch nicht überheizt, denn eine dichtere, sehr wasserdampfhaltige Atmosphäre milderte dort das tiefere Eindringen der violetten Strahlen, während die Wärmezirkulation eben durch deren Energie verstärkt und so die abströmende Wärme vornehmlich den Polen zugute gebracht wurde. Mit dem späteren Tertiär aber trat die Sonne ins gelbe Stadium, in das sich sehr bald auch schon rote Schwankungen mischten. Gelb gab das heutige Klima, Rotschwankungen dagegen begünstigten Eiszeiten, die einander folgten, von gelben Interglazialzeiten jedes Mal mit einer Art Aufflackern unterbrochen. In einer solchen Interglazialzeit leben wir heute. Noch längere Zeit mögen die Schwankungen anhalten, bis kurz vor Ende des Sonnenlebens die kalten Perioden rasch anwachsen und endlich die Sonne dauernd rot und zuletzt ganz dunkel wird, wobei eine letzte nicht endende Eiszeit sich für uns zur Götterdämmerung erfüllt; nicht schön, aber danach hat der Forscher nicht zu fragen. Dubois hat daran noch interessante Exkurse über Wirkung des blauen und gelben Lichts auf Entwicklungsbeschleunigung und Pflanzenchlorophyll geknüpft, die Stahl nachher unter anderem Gesichtspunkt wieder aufgenommen, die uns hier aber nicht zu beschäftigen brauchen. Die geologischen Zeitziffern hat er zu kurz gegriffen, um seine Sonnenperioden Hineinpressen zu können, wie er sie sich astronomisch dachte, doch ließe sich da leicht das eine am andern strecken. So bleibt kein Zweifel, dass die Theorie hübsch wirkt, bis — ja bis man sie doch auch wieder an den Tatsachen prüft.

Die Permeiszeit oder gar die kambrische würden nötig machen, dass wir uns seit damals bereits inmitten der Rotschwankungen befänden. Mit ihrem Auf und Ab an Warm, Gemäßigt und Kalt müsste die Erde durch ein Wechselspiel ihrer Sonne von Blau, Gelb, Rot in beständigem Durcheinander gegangen sein, wozu keine bekannte Sternstufe irgendeinen Vergleich bietet. Das Heranziehen der Sonnenflecke als Anzeichen immerfort dräuender „Rotscheiben" im Himmelsapparat unterliegt für sich Schwierigkeiten. Gewiss: Periodisch wechselnde Vorgänge kommen hier kosmisch in Betracht. Diese Sonnenflecke zeigen heute eine überaus interessante regelmäßige Periode von allerdings kurzer Dauer. In jedes Mal rund elf Jahren sinken sie zu einem Minimum herab und steigern sich wieder bis zu einem Maximum. Feine Schwankungen deuten an, dass wahrscheinlich diese Periode sich in ein paar geringfügig größere von 35 und 72 Jahren einordnet. Zwischen diesem Sonnenfleckzyklus und gewissen irdischen Erscheinungen besteht nun auch ein unzweideutiger Zusammenhang. Mit den Sonnenflecken sinken und vermehren sich Störungen der Magnetnadel bei uns, magnetische Gewitter, Nordlichter. Und seit man das weiß, ist immer wieder auch versucht worden, einen Einfluss auf unser Wetter nachzuweisen. Die mittlere Jahrestemperatur sollte entsprechend etwas schwanken, etwas mehr oder weniger Regen sollte fallen, die Zyklone sollten sich abhängig zeigen, von alledem ist bisher aber nur ein loser und dunkler Bezug geblieben.

Den ausgezeichneten Forschungen von Brückner verdanken wir den Nachweis, dass in dem ganz engen Verlauf unseres Wetters von heute sich auch eine allerdings höchst merkwürdige kurze Periode geltend macht. Brückner beobachtete zuerst am Spiegel des Kaspischen Meers eigentümliche Zu- und Abnahmeschwankungen im Verlauf von rund 35 Jahren. Es ergab sich, dass sie verursacht waren durch periodisch verschiedene Dauer der Eisbedeckung und Höhe des Wasserstandes der einmündenden Ströme. Das aber wieder führte auf eine 35jährige Periode kühlerer Regenwitterung. Nasse Kältejahre waren z. B. für Russland 1745, 1775, 1810, 1845, 1880, trockene Wärmejahre 1715, 1760, 1795, 1826, 1860 (nach Hann). Mit geringer Einschränkung hat sich das dann als ein allgemeingültiges Witterungsgesetz durchführen lassen, und eine ganze Masse gewöhnlicher Aussagen und Überlieferungen von einem seit einem Menschenalter bereits merkbar gewordenen vermeintlichen Dauer-Niedergang oder -Aufstieg des Klimas haben in dieser „Brücknerschen Periode" ihre sehr harmlose Erklärung gefunden. Man kann die Ziffer tatsächlich bis in die Statistik unserer Getreidepreise hinein verfolgen. Und sicherlich ist es die bedeutendste Witterungstatsache, die wir bisher kennen, — mehr wert, als tausend Wetteransagen tierischer wie menschlicher Laubfrösche.

Wenn man nun aber fragt, was diese Brücknersche Periode veranlasse, so stehen wir wieder vor dem Tor. Und es könnte höchstens eben ein Anhalt sein, dass die Ziffer 35 auch in jenem Sonnenfleckenzyklus eine Rolle zu spielen scheint. Das ist aber auch wieder alles, was wir wissen. Die winzige Schwankung der Brücknerschen Periode für alle Eiszeiten, Pluvialperioden, Wärmesteigerungen der Geologie verwerten, hieße ihr selbst eine ungeheure zyklische Steigerung andichten, zu der das harmlose Periödchen doch nicht den leisesten Anlass gibt. Selbst dann aber bliebe für Dubais' Folgerungen unsere Unkenntnis, was Sonnenflecken eigentlich sind. Für ihn bedeuten sie ohne Weiteres Sonnenverdunkelungen mit Kältewirkung. Andere sehen dagegen in diesen „Flecken" genau entgegengesetzte Gebilde. Nach Arrhenius', des großen Astrophysikers, Ansicht handelt es sich in den starken Sonnenfleckenzeiten um verstärkte

Sonneneruptionen, die unsere Lufthülle zeitweise stärker mit Sonnenstaub versetzen, der dann als magnetischer Störenfried wirkt. An sich könnte solcher vermehrte kosmische Staub ja irdische Wolkenbildung anregen oder auch selber nach Art der berühmten Aschenwolke des Krakatauvulkans, die jahrelang unsere Dämmerfarben vertiefte, das Sonnenlicht vorübergehend stärker abblenden, und so die Wärmestrahlung schwächen, dass indirekt unser Klima sänke. Von den berühmten Erforschern der Inseln Ceylon und Celebes, den Vettern Sarasin in Basel, ist gelegentlich solche Abblendungstheorie durch Staub als Eiszeitursache wirklich aufgestellt worden, wobei ihre Urheber aber nur an irdischen Vulkanstaub dachten, — ein Anklang an eine Vulkantheorie der Eiszeit, die uns noch beschäftigen soll. Aber für Arrhenius sind seine Sonnenflecken grade Zeichen verstärkter Sonnenstrahlung, und das höbe die Staubwirkung vielleicht wieder auf oder spräche gar dafür, dass die Maxima der Sonnenflecke unter Umständen stärkere Erwärmungszeiten bedeuten könnten, genau umgekehrt zu Dubais. Man kommt auf den toten Punkt, der doch bezeichnend ist für verschiedene Eiszeitlehren: dass man nämlich mit dem gleichen Prinzip je nachdem die Existenz der Eiszeit und auch ihre Nichtexistenz beweisen kann, — dem vorsichtigen Beweis, dass hier wohl im Ganzen noch keine richtige Spur ist.

Wenn die Innensonne und die Außensonne nicht helfen wollen, so könnte man einen Augenblick erwägen, dass es ja noch „Übersonnen" gibt, kosmische Gewalten, an denen Sonne wie Erde gemeinsam hängen. Eine alte und hartnäckige Theorie sucht die Ursache der Eiszeiten im Raum als solchem. Die Sonne, bekanntlich selbst bewegt, soll mit uns abwechselnd durch wärmere und kältere Raumgebiete hindurchschneiden. In dieser nackten Grundform, wie sie gewöhnlich beliebt, ist die Theorie einfach sinnlos, denn wir haben nicht den geringsten Anlass, den Raum, in dem bis in die fernsten Weiten die Sterne erkaltend von Blau zu Rot und Dunkel herabbrennen, an sich anders als gleichmäßig kalt anzunehmen. Man müsste schon den Fall setzen, dass die erhöhte Wärme von einer fremden Sonne stammte, der unsere Sonne sich periodisch näherte. Tatsächlich ist aber selbst die nächste Fixsternsonne (Alpha Centauri am Südhimmel) mehrere Billionen Meilen weit von uns entfernt, von einer Zentralsonne, der uns auch eine stark elliptische Sonnenbahn nicht so ganz weit entführen könnte, sehen wir nichts, und sehr gut könnte die Sonne auch um einen Gleichgewichtspunkt kreisen, in dem gar keine wärmende Masse stände. Wir gingen seit der Diluvialzeit doch schon wieder auf solchen neuen Wärmestern los: Warum sähen wir ihn nicht am Firmament?

Oder man müsste an feines Nebelgewölk denken, das wir mit unserer Sonne zeitweise passierten. Seit wir vermuten, dass die echten Nebelflecke (Gasnebel) uns näher stehen und wirklich wohl wie Gewölk zwischen den Fixsternsonnen eingelagert sind, hat das etwas mehr für sich. Für gewöhnlich wird aber diese Nebelmaterie so fein sein, dass aus ihr so wenig Wirkungen entstehen können wie aus jenem berühmten Schweif des Halleyschen Kometen. Dichtere Stellen dagegen würden sich umgekehrt wohl eher in chemischen Zumischungen oder großen, alles vernichtenden Katastrophen äußern, wie man ja das jähe Aufflammen sogenannter „neuer Sterne" auf solchen Eintritt eines Weltkörpers in eine dichte Nebelwolke gedeutet hat. Vielleicht noch am meisten hat die Idee für sich, dass ein mittelfeiner Nebelstoff auch als Sonnenabblender wirkte und so Eiszeiten bei uns schüfe; Nölke hat an diesem Faden gesponnen. Aber sind nun unsere im Lauf der Jahre so rasch wechselnden Nebelfleckentheorien selber richtig? Immer muss lose Theorie wieder die Theorie stützen! Man wird nebenbei beachten, dass keine dieser Meinungen jene Lichtfrage der Polarländer im Tertiär berührt. Dazu ist gelegentlich an eine räumlich sehr viel ausgedehntere Sonne gedacht worden, die sich etwa noch bis über die heutige Merkurbahn erstreckt haben könnte. Die Ablösung des Planeten Merkur im Sinne der Kant-Laplaceschen Theorie müsste dann erst in der geologisch kurzen Zeit seither erfolgt sein, — eine Annahme, die an Ungeheuerlichkeit wirklich nichts zu wünschen übrig lässt.

Inzwischen gibt es aber noch einen ganz anderen weg, die Sonne für uns kühler oder wärmer zu machen, ohne dass man an ihr selber dabei in Gedanken herumzuheizen brauchte, wenn wir schon von der Sonnenbahn reden, warum dann nicht von der Bahn der Erde selbst? Ich kann einen Ofen, der an sich gleich bleibt, doch als wärmer oder kälter empfinden, indem ich mich ihm mehr nähere oder mich mehr entferne, wenn auch die Erde auf ihrer Bahn dem Sonnenofen im Zeitenlauf bald etwas näher, bald etwas ferner gestanden hätte? Es ist ein ganzes Blütenfeld von Theorien, die hier aufgesprosst sind.

Die Erdbahn ist bekanntlich so wenig ein genauer Kreis, wie die Erde selbst eine vollkommene Kugel. Diese reinsten Idealformen hat die Natur auch bei ihren großartigsten kosmischen Kunstwerken nicht durchzusetzen vermocht. Sie ist eine Ellipse, bei der die Sonne nicht genau im Mittelpunkt steht, und das bedingt, dass schon bei jedem gewöhnlichen Jahresumlauf die Erde dieser Sonne auf der einen Halbbahn etwas näher kommt und auf der andern etwas ferner bleibt. Nun stellen wir schon auf solchem einfachen Umlauf alljährlich auch eine entschiedene Wärmeänderung bei uns fest: Große Gebiete unserer Erde erleben in Gestalt von Sommer und Winter etwas wie eine ständige Tertiärzeit und Eiszeit im Kleinen. Es wäre einleuchtend, dass solcher Winter jedes Mal käme, wenn wir der Sonne ferner, Sommer, wenn wir ihr näher sind. So einfach stehen aber wiederum bekanntlich die Dinge nicht. Sommer und Winter liegen für uns zunächst daran, dass die Erde aus einem an sich rätselhaften Grunde schief auf ihrer Bahn steht. Infolgedessen bietet sie der Sonne während ihres Umlaufs nicht immer freie Front dar, sondern gleichsam zwei schräge Katzbuckel, von denen immer nur der eine die halbe Bahn lang überhaupt gutes Licht und gute Wärme aufgebrannt bekommt und dann wieder der andere, wie unabhängig für sich diese Sache läuft, zeigt am besten, dass wir auf dem Nordbuckel grade sommerlich gut stehen, wenn wir im Ganzen der Sonne am fernsten sind, — zugekehrt ist hier eben weit wichtiger als nahe. Ganz belanglos sind aber doch auch fern und nahe wieder nicht. Nahe gibt ein klein wenig Wärme darauf. Dazu bummelt nach festem Weltgesetz die Erde fern etwas mehr als nahe, und folglich hat der Buckel, der fern Sommer und nahe Winter hat, etwas wärmere Winter und längere Sommer. Gegenwärtig genießt diesen Vorteil unsere Nordhalbkugel. Aber auch dahinein mischt sich noch etwas Eigentümliches, das jetzt nicht mit dem gewöhnlichen Jahr erschöpft ist. In einem Zyklus von zwanzig und einigen Tausend Jahren zieht die Sonnen- und Mondschwere den vorgeschwollenen Dickbauch der Erde so herum, dass der Buckel, der soundso lange Fernzukehr hatte, auf gleiche Dauer Nahzukehr bekommt und umgekehrt. Es ist wie ein himmlischer Ausgleich, dass nicht einer immer bloß den Vorteil haben soll, hat ihn heute der Norden, so wird ihn in den nächsten Paartausend Jahren an der großen Weltenuhr der Süden bekommen. Präzession nennt man den Wechsel; im Einzelnen spielt noch mehreres an Astronomischem mit hinein, das uns aber hier nicht weiter zu kümmern braucht.

Es war nun im Jahre 1842, dass in Frankreich ein Buch erschien, von einem pariser Mathematiklehrer, sonst nur durch brauchbare Lehrbücher bekannt, Alphonse Joseph Adhémar, das nicht nur eines der frühesten, sondern auch merkwürdigsten der ganzen Eiszeittheorie sein sollte. Noch heute liest es sich wie ein spannender Roman Jules Vernes, und fast bedauert man, dass seine handfesteste Folgerung zur gelegentlichen kosmischen Aufrüttelung der Menschheit nicht wahr ist. In diesem Buch wurden zum ersten Mal die Präzessionstatsachen für die wirkliche Eiszeit verwertet, — mit einer kleinen Hexerei, die noch eine ganze Pandorabüchse auf die Menschheit schüttete. Jede der Präzessionsperioden (die Adhémar mit einem bestimmten Abzug auf 21.000 Jahre rechnet) belegte abwechselnd einmal die Nord- und einmal die Südhalbkugel mit längeren und härteren Wintern. Darin häufte sich einmal hier, einmal dort stärker das Polareis, — wie das, nebenbei bemerkt, ein preußischer Offizier, Rohde, schon zu Anfang des Jahrhunderts einmal klar entwickelt hatte. Diese Häufung aber lehrt unser pariser Mathematikus, bedeutet jedes Mal für die betreffende Halbkugel eine Eiszeit. Als der Zyklus uns zum letzten Mal traf, rückten unsere Nordgletscher entsprechend vor. Seit Jahrtausenden sind wir jetzt wieder wärmer, dafür liegt gegenwärtig der Südpol unter kolossaler Eisglocke. Seit fernen Urwelttagen ist das so, und ewig wird es so sein. Mit dem nächsten halben Stundenschlag der Präzession werden auch wir abermals nordische Eiszeit erleben. Aber die Sache hat noch eine Klausel, und hier wird die Prophezeiung hochdramatisch. Jeder Pol, der das stärkere Eis hat, ändert damit den Schwerpunkt der Erde. Die Wasser strömen zu ihm hin: Deshalb liegt heute das große Südeis inmitten uferlos blauenden Ozeans, während im Norden weites Land ragt. Kommt die Eiszeit neu zu uns, so wird sich's umlagern, das Südmeer neu zu uns herausstreben. Aber allemal der letzte Akt solcher Neuverlagerung geht durch furchtbare Gewalt. Da birst erwärmt der letzte Eisblock in seinen Wassern, blitzschnell springt das Schwerezentrum ganz über, und in grausiger Katastrophe stürzen die Wasser ihm nach. Beim letzten nordischen Einbruch wurden so Elefanten bis ins sibirische Eis verschwemmt. Der letzte Südeinbruch aber war wohl die Noachische Sintflut, heute rückt das Zeigerlein der Waage schon leise wieder nach Norden zurück. In 6.300 Jahren ist der große antarktische Eisbruch mit neuer Sturzflut zu erwarten, — Menschheit, bereite dich, anstatt inneren Streit zu führen, baue Archen und Luftschiffe oder schlage deine Wohnung bei den Gämsen des Gebirges auf!

Das kleine Buch wirkt, wie gesagt, noch heute bezaubernd, keines hat seinerzeit so durchgeschlagen, schien so einfach, löste so bis auf die Ziffern exakt. Schade nur, dass es dem nüchternen Urteil umso weniger standhält. Für unsere wahren geologischen Zeiträume erscheint der

Präzessionszyklus unendlich viel zu winzig. Ließe er sich vielleicht noch die diluvialen Interglazialzeiten hineindenken: Mit wieviel Eiszeiten müsste er uns beglückt haben bis zur wirklichen Permeiszeit! Aber Adhémars Beweisführung ist schon in sich hinfällig. Auch das dickste Polareis würde den Schwerpunkt der Erde schwerlich ändern können. Ganz unmöglich aber erscheint der geringe Winterunterschied bereits als Ursache einer einseitigen Eiszeit.

Und doch hat die Bewegung nicht ruhen wollen, als müsse sich irgendwie hier noch einmal etwas Verbessertes anknüpfen lassen. Etwas, das den Schwereroman und seine fantastischen Sintfluten fortließ, dafür aber den zu kurzen Präzessionszyklus an einen größeren schloss und die Vereisung innerhalb der Präzession besser begründete. Der Schotte James Croll bezeichnet mit seinen höchst verdienstvollen Arbeiten zur Eiszeit, die sich seit Mitte der 1860er Jahre folgten, diese Stufe der Theorie. Croll ging davon aus, dass es bei der Erdbahn tatsächlich noch einen Zyklus gebe außer der Präzession und ihren näheren Anschlüssen. Die Ellipsengestalt der Bahn selbst schwankt in großen Zeiträumen, heute nähert sie sich mehr der Kreisform, zu anderen erdgeschichtlichen und künftigen Tagen muss sie dagegen noch stärker von ihr abweichen, noch exzentrischer werden. Dieser Zyklus mag über Jahrhunderttausende, ja Jahrmillionen reichen, und seine Hochzeiten und Mindestzeiten mögen jede allein ganze Reihen des kleinen Präzessionswechsels umfassen.

Alle jene guten oder schlechten Wirkungen der gewöhnlichen Lage müssen sich aber, lehrt Troll, in solchen extremen Zeiten entsprechend extrem vermehren: Sehr kalte und endlos lange Winter z. B. für die im Präzessionszyklus jeweilig schlecht gestellten Erdzeiten, kurze und warme für die guten. Und hier erst sieht unser diesmal sehr besonnener, selber gar nicht ausschweifender Urteiler die wahre Ursache auch von Eiszeiten. Sie treten nur in riesigen Zwischenräumen ein, wenn nämlich die Abschweifung der Erde von der Sonne im Höchstmaß steht, und zwar treffen sie dann je in halben Präzessionszyklen eine Reihe von Malen rasch hintereinander jede Erdhalbkugel. Über den Gegensatz der beiden Halbkugeln in der kritischen Zeit glaubte Croll dabei noch manches Anregende aussagen zu können, wobei ihn seine reiche Begabung als Klimakenner trug. Gegen die harten Winter der ungünstigen Halbkugel kamen ihre kurzen Sommer nicht auf. Große Schneemassen blieben dort liegen. Die verschlechterten dann (ein sehr richtiger Gedanke) selber wieder weiter dar Klima. Die Passatwinde änderten sich, die warmen Strömungen flössen nicht mehr nach der kalten Seite ab; auch der Gedanke an solche Meeresströmungen (z. B. Versagen des Golfstroms) sollte fortan ein Leitgedanke der verschiedensten Eiszeittheorien bleiben. Umgekehrt vereinigte sich drüben alles Gute: Während etwa die Nordhälfte unter Eiszeit schmachtete, blühte die andere in paradiesischer Pracht.

Zweifellos: Croll hatte mindestens zwei Klippen mit Glück umschifft, an denen Adhémar gescheitert. Und bis in die jüngere Vergangenheit folgten ihm angesehene Geologen und Astronomen nach. Andererseits musste sich aber auch zu ihm die Kritik geltend machen. Sie bestritt die Einzelheiten jenes allzu hell gemalten Gegenparadieses, schließlich war das aber ja nicht die Hauptsache. Doch sie bestritt auch selbst bei größter Exzentrizität immer noch die Nötigung der Eiszeit drüben. Hann, einer unserer besten deutschen Klimaforscher, meinte, auch ein viermal stärker als heute gedachter Gegensatz der Hemisphären könne doch noch nicht hier das Paradies und dort die Eiszeit herzaubern. Neumayr, der geniale wiener Geologe, hat auch die sehr großen Ziffern des Exzentrizitätszyklus noch immer nicht für erdgeschichtlich brauchbar erklärt. Falle das letzte Höchstmaß vielleicht wirklich mit der diluvialen Eiszeit zusammen, so folgten sich die vornächsten Maxima in Abständen von dreiviertel und zweieinhalb Millionen Jahren, und das bliebe noch in der Tertiärzeit, die doch keinerlei Eisspuren zeigt. Und alle, die an „Bipolarität" der Eiszeiten glaubten, haben beklagt, dass bei Croll so wenig wie bei dem alten Adhémar jemals Nordeiszeit und Südeiszeit Zusammentreffen könnten. Auch jetzt blieb also noch als Aufgabe: vielleicht die Rechnung weiter zu bessern, mit irgendeiner Hilfserklärung die Kälte abermals zu mehren und die Bipolarität doch irgendwie als Möglichkeit zu retten.

Inzwischen brachte ein Kölner Realschullehrer, Schmick, einen neuen Gedanken ins Spiel: die Exzentrizität der Erdbahn müsse Einfluss auf die Umdrehung (Rotation) der Erde haben. Diese Rotation wird leicht gebremst durch verstärkte Fluterscheinungen unserer Meere, — solche wirksameren Flutwellen aber weckt die Sonne bei mehr exzentrischer Bahn. Daraus zog der norwegische Botaniker Axel Blytt den Schluss, dass in solcher Zeit etwas verlangsamter Rotation die Zentrifugalkraft am Äquator abnehmen und alle Flüssigkeit sich mehr polwärts ausbreiten müsse, — ein Anklang an Adhémar, doch ganz neu gewendet. Nun war es schon eine alte Idee des Begründers neuerer Geologie Lyell gewesen, dass starke Verlandung am Äquator große Heizflächen für die Erdwärme schaffen und mildes Gesamtklima begünstigen müsse, während umgekehrt viel Wasser dort feuchte Zeiten mit starkem Schneefall in den kühleren Zonen, also eiszeitartige Erscheinungen, bringe. Ein Blick auf die Karten früherer Weltalter, wie sie die Schule von Sueß in Wien gab, legte nahe, dass wirklich seit grauen Tagen bis zu uns heran eine gewisse Tendenz zu solchem Wechselspiel bald mehr verlandeten Äquators und überschwemmter Pole, bald umgekehrt äquatorialer Meere und polaren Landes geherrscht habe. Dann aber drängte sich ein merkwürdiger Schluss auf. Die Zeiten sehr exzentrischer Erdbahn, in denen das Wasser vom Äquator fortfloß, waren nicht die geeigneten für eine Eiszeit, sondern umgekehrt die der geringen Exzentrizität, in denen die Rotation sich hob und die Fliehkraft die Wasser am Äquator sammelte. Schon der amerikanische Geologe Becker hatte gelegentlich Zweifel geäußert, ob nicht doch solches Minimum mit einer mittleren Temperatur auf der Erde passender sei, falls sich noch eine unmittelbare Eis-Ursache hinzufinden ließe; letztere hatte er allerdings in Schwankungen der Erdschiefe selbst gesucht. Aber die Frage entstand doch noch, ob die Verdunstungsfeuchte der Äquatormeere allein in den kühleren Zonen Eiszeiten zu erzeugen vermöchte, hier musste noch eine Hilfe einsetzen. Blytt, als er zuerst auf das Abströmen nach den Polen kam, hatte dabei (reichlich kühn) auch an Lavamassen des Erdinneren gedacht, die im Polargebiet stürmisch vordringen und die Wasser stauen müssten, von da schien nur ein Schritt zu dem anschaulicheren Gedanken, dass jeder wirklichen Eiszeit eine polnahe große Gebirgsbildung vorausgegangen sein müsse, an der sich die vermehrte Luftfeuchte zu Schnee und Gletschereis kondensieren könnte. Große äquatoriale Wasserbedeckungen haben auch im Tertiär und Kreide stattgefunden, ohne dass es doch zu Eiszeiten kam: Damals fehlten eben große Erdgebirge, während kurz vor der Diluvial- und Permeiszeit solche frisch entstanden waren. Die Theorie gibt zugleich eine hübsche Stellung zur Bipolarität. Da die große Meeresfeuchte nach beiden Polen wirkt, kann sie bipolar erkälten, sie muss es aber nicht, falls nur gegen den einen Pol zu Gebirge ragen, zum andern dagegen nicht.

EISZEIT UND KLIMAWANDEL

Es sind längst jetzt im wesentlichen Gedanken eines neuen Eiszeitdeuters, was ich hier vortrage, — von dem in Berlin wohnenden emeritierten Lehrer Max Hildebrandt wieder in einem der besten neueren Eiszeitbücher 1901 niedergelegt. Zum Ganzen wird man aber auch hier mit einem feinen Lächeln bemerken, wie vieldeutig die Dinge mindestens noch sind: Wird doch mit dem Mindestmaß der Exzentrizität abermals das gleiche bewiesen, das oben vom Höchstmaß kommen sollte. Und im Engeren lassen sich, so geistvoll die Begründung ist, gewisse Bedenken nicht verschweigen. Die permische Eiszeit mit äquatorialem Landeis passt nicht hinein, und ob die geringe Rotationsänderung wirklich so große Wasserverlagerungen bewirken kann, bleibt problematisch, wie Arldt wohl mit Recht betont hat - hier aber hängt schließlich Wohl und Weh des Ganzen. Andererseits wird man nicht verkennen, dass der astronomische Zusammenhang mit der eigentlichen Eiszeitfrage auf diesem Wege bereits ein überaus loser wird, wechselnde Land-, Wasser- und Gebirgsverteilung der geologischen Vergangenheit geben tatsächlich den Ausschlag, und deren Ursache könnte auch in rein irdischen Verhältnissen gesucht werden.

In der Geschichte der Forschung kehrt ein bedeutsamer Augenblick öfter wieder. Man hat sich lange um Beantwortung einer Frage bemüht. Immer neue Versuche sind gemacht, die Tatsachen ihr anzupassen, die Deutung zu verfeinern, aber die Sache verwickelt sich. Da legt plötzlich einer die Stirn in die Hand und sagt:

halt, ist nicht in der ganzen Fragestellung noch ein Fehler? So war's, als das ptolemäische Weltsystem in immer kniffeligere Rechnungen führte und Kopernikus einfach umdrehte und die Sonne in die Mitte setzte. So, als Kolumbus durchaus in sein Mittelamerika hatte Japan und die Sundainseln hineinsehen wollen und die folgenden fragten, ob hier nicht ein ganz neuer Erdteil entdeckt sein könnte? Auch die Theorie der Eiszeit sollte noch einmal solche Damaskusstunde erleben, wo es schien, als sei ihr Problem falsch, und es ist nicht ihr wenigst lehrreiches Kapitel, das hier einsetzt.

Wir sind aus astronomischen Sonnenweiten immer mehr auf die Erde selbst als Himmelskörper herabgestiegen. Schon bei jenem merkwürdigen Drehzyklus der sogenannten Präzession entschied ja nicht mehr so sehr die eigentliche Bahn um die Sonne, als eine gewisse Richtungsumschaltung an unserer eigenen irdischen Achse. In soundso viel Tausend Jahren schaukelte die schiefe Erde sich immer einmal wieder grade so herum, dass ihre Achse genau entgegengesetzt schief zur Sonne und den Sternen zu stehen kam, als zuvor. Dabei pflegt allerdings ein, ich möchte fast sagen, hergebrachtes Missverständnis mit zu unterlaufen, dem fast jeder unterliegt, der sich diesen schwierigen astronomischen Dingen zum ersten Mal hingibt. (Die meisten Lehrbücher stellen die Sache rein mathematisch dar und machen sie damit leider vollends unverständlich - denn der unbefangene Blick verlangt mit Recht zuerst gegenständliche Anschauung und nicht Ziffern.) Es wird nämlich angenommen, bei jenem Kreiselspiel der Jahrtausende, das unsere Erde da herumtrudelt wie einen wahren himmlischen Brummkreisel, verändere sich auch die Schiefe ihrer Achse als solche mit: wir ständen also mal noch schiefer und mal wieder aufrechter dabei. Das ist indessen keineswegs der Fall: die Drehachse unseres dicken Brummkreisels weist nur entsprechend nach und nach auf immer andere Sterne da draußen hin: ist's heute der danach benannte Polarstern im Kleinen Bären, so dereinst einmal die herrliche Wega. Und an diesem schon in geschichtlicher Zeit merkbaren Fortzittern am Himmel hat man den ganzen Sachverhalt überhaupt herausbekommen. Die Schiefe der Achse selber aber bleibt davon genauso unberührt wie die einer auch von Natur zufällig schiefen Wetterfahne, die ein Wirbelwind einmal ganz um sich selbst herumtreibt, sodass ihre Spitze jetzt dahin und jetzt entgegengesetzt deuten muss, ohne dass er sie doch dabei an sich schiefer oder grader rücken könnte. Eben dieses Missverständnis führt aber, richtig geleitet, doch auch wieder auf einen tatsächlichen Sachverhalt.

Nicht wegen der Präzession, aber aus eigenem Grund: Schwankt nämlich auf einige Jahrzehntausende hin ein klein wenig wirklich auch die Achsenschiefe. Im planetarischen Balancespiel zittert gleichsam auch der Plan (Ebene), in dem die Erde läuft, etwas gegen ihre Achse. Kippt diese schiefe Achse heute um rund dreiundzwanzigeinhalb Grad von der senkrechten Lage über, so mögen es zu andern Tagen gegen fünfundzwanzig und wieder zu andern nur etwas unter zweiundzwanzig sein. Das ist gewiss nicht viel, und doch haben sich auch hier gelegentlich Eiszeittheorien eingehakt, wenn auch ohne besonderen Erfolg. An der Achsenschiefe hängen, wie gesagt, unsere Jahreszeiten und damit gewiss tiefste Grundlagen unserer gesamten klimatischen Ordnung, wenn die Präzession hier nur gleichsam die Reihenfolge vertauschte, so rüttelte eine wirklich geradere oder schiefere Achse am Bestand selbst. Andererseits ist jener sicher errechnete Betrag aber tatsächlich so gering, dass er auch nur verschwindend winzig wirken kann. Jenes kleine Mehr an Schiefe, nach Jahrtausenden immer einmal wiederkehrend, würde vielleicht den Unterschied der extremen Jahreszeiten etwas verschärfen, den Pol um ein ganz Geringes stärker erwärmen können. Und umgekehrt, wobei über die Einzelheiten sogar noch starke Meinungsverschiedenheit besteht. Dass das aber auf keinen Fall schon Wärmezeiten oder Eiszeiten erzeugen kann, zeigt wieder die Kürze der Periode, die beispielsweise die wirkliche warme Tertiärzeit mit Dutzenden von Eiszeiten hätte durchsetzen und noch in die historische Überlieferung hätte hineinwirken müssen. Es könnte sich also im besten Fall auch nur um eine kleine Hilfshypothese handeln, die als solche denn auch bisweilen ernst genommen worden ist. Man könnte sie zur Not bei den Wärmeeinlagen der Interglazialzeiten mitspielen lassen, und Hann hat mit einem Schiefenmaximum vor zehntausend Jahren noch eine Kleinigkeit wie das damalige weitere Vordringen der Haselnuss in Skandinavien in Verbindung setzen wollen.

Anders, wenn man auch hier wieder irgendeine mythische Riesensteigerung annehmen dürfte. Es ist nicht zu leugnen, dass auch sie nicht ganz in der Luft hinge. Mit einiger Überraschung ist nämlich seit längerer Zeit schon bemerkt worden, wie verschieden sich im Punkte Achsenschiefe die einzelnen Planeten unseres Systems zueinander verhalten. Der auch sonst uns angeblich so ähnliche Mars steht zwar fast genauso wie wir, bloß heute in einem Schiefenmaximum von rund fünfundzwanzig Grad gekippt. Der riesige Jupiter dagegen ragt verwunderlicherweise nahezu in voller Paradestellung aufrecht in seiner Bahn. Und umgekehrt wieder, der ferne Uranus scheint so vollkommen umgekippt zu sein, dass er nicht mehr bloß schief steht, sondern bäuchlings platt in der Ebene seines Laufes liegt. Schwerlich, dass auch diese auffälligen Gegensätze auf einer Steigerung jener kleinen Verschiebungsperioden zwischen Bahnplan und Achse beruhen könnten. Ein geheimes Gesetz scheint sich hier auszusprechen, das in der persönlichen Bildungsgeschichte der einzelnen Planeten selbst gewaltet haben dürfte. Aber man könnte fragen, ob es nicht auch die Erde einst anders berührt habe? Wenn nun auch sie einmal geradegestanden hätte, wie der große Jupiter, und erst nachträglich schief geworden wäre? Es ist ein altes Rätsel, das die Köpfe immer wieder bewegt hat: Warum überhaupt diese Schiefe?

Emerson und Theodor Arldt, der hochverdiente Geograf der geologischen Vergangenheit, haben in der Tat angenommen, dass wir einst jupiterhaft aufrecht ragten. In der mythischen Urperiode vor Entstehung der Lebewesen und wohl selbst der Meere soll es gewesen sein, wie ja Jupiter selber heute noch in einem sonnenhafteren Urstand zu verharren scheint. Und erst bei dem weiteren Erkaltungs- und Zusammenziehungsvorgang der Erdkruste, der in einer eigentümlich ungleichmäßigen (tetraedrischen) Richtung erfolgt sein soll, sei auch die Drehachse durch einseitige Verlagerung schief herübergezogen worden. Auf die Einzelheiten dieses geistreichen Gedankens braucht hier nicht eingegangen zu werden, da an sich diese Theorie unsere Eiszeitfrage gar nicht berührt. Denn wenn die Aufrechtlage wie die Schiefstellung ganz noch in die, wie ich mich ausdrückte, mythische Urzeit vor Beginn allen Lebens fallen, so können sie auch unsere permischen oder tertiären oder diluvialen Wärme- und Kälteverhältnisse nicht mehr beeinflusst haben. Und höchstens könnte man einen Augenblick fragen, ob nicht der Theorie zum Trotz solche Jupiterstände und vielleicht größeren Schiefen auch später noch wirklich hineingespielt haben? Selbst wenn man das Ungeheure zugäbe, dass die Achse noch bis zum Ausgang der Diluvialzeit Riesensprünge von ganz gerade zu uranushafter Entgleisung gemacht hätte, kann ich doch nicht finden, dass man damit viel erklärte. Die beispiellosen Äquator- und Polargegensätze oder tollen Jahreszeitwidersprüche solcher ganz verkehrten Welt würden zweifellos auch das jüngere geologische Klima noch gehörig umgekrempelt haben, doch in bizarrer Eigenart, die nun wieder mit dem Wirklichkeitsbild nichts zu tun hätte. Ganz durchgedacht hat übrigens diese wilden Folgen, soviel ich sehe, bisher noch keiner, sodass sie immerhin auch noch zur wohlwollenden Diskussion ständen.

Inzwischen bietet aber jene Emerson-Arldtsche Idee, soweit sie sonst vom Thema lenkt, doch noch einen schlechtweg bedeutsamen Punkt. Indem sie nämlich im mythischen Alter an der Drehachse rückt, lässt sie nicht eigentlich den ganzen Erdkörper schief sinken, sondern zerrt die Achse in ihm selbst seitwärts ab, — sodass der Pol ein Stück weit über die Erdkarte wandert. Lag der Nordpol bei ursprünglich jupiterhafter Gradstellung der Achse etwa nahe der heutigen Beringstraße in Asien, so lässt sie ihn erst mit der im Erdball sinkenden Achse an seine heutige Stelle oberhalb Grönlands rücken, wobei natürlich mit den Polen auch der Äquator sich entsprechend verschoben haben müsste. Solange der Nordpol noch an der Beringstraße saß, muss auch dieser Äquator einen anderen Erdgürtel durchzogen haben, der vielleicht in jupiterhaften Tagen der Aufrechte unter dem Einfluss regelmäßiger großer Mond- und Sonnengezeiten eine besonders bedrohte Bruchzone der Erdrinde gewesen ist. Die spätere Bruchzone des großen Mittelmeers (Tethys), das in allen geologischen Epochen noch eine so merkwürdige Rolle gespielt hat, hätte ungefähr noch der Richtung dieses Ur-Äquators entsprochen, dessen Umgegend immer empfindlicher als andere geblieben wäre.

Klein erscheint der Schachzug, den dieser Gedanke noch zu den andern fügt, und doch ist er von der größten Tragweite über das Ganze hinaus. Mit ihm erwächst — zunächst ganz allgemein und geologisch irgendeinmal — die Möglichkeit, dass der Pol als solcher (und mit ihm der Äquator) seine Lage geändert haben könnte im Verhältnis zu den Ländern der Erde! Im gleichen Augenblick aber erhellt sich wie mit einem Blitz das, was ich oben eine neue Fragestellung genannt habe.

Wir sind bei unserer ganzen Betrachtung bisher von einer festen Voraussetzung als der selbstverständlichen ausgegangen. „Eiszeit" bedeutete uns (wir hören wieder den alten Goethe sprechen) „eine Epoche großer Kälte", vom Pol zum Äquator ging ein gewaltiger Klimasturz, dass der Pol sich gleichsam ins Kiesige vergrößerte, Eis bis zu uns drang. Umgekehrt in einer Wärmezeit wie im Tertiär floss eine heißere Welle vom fernen Äquator herauf, brachte Palmen zu uns und Magnolien bis an den Pol. Die Frage aber ging, wer dieses Plus oder Minus an Temperatur jedes Mal geschaffen. Jetzt aber: wenn nun das Klima selbst nie anders gewesen wäre als heute? Die Pole nur wie heute kalt, der

Äquator warm und dazwischen die gemäßigte Zone? Aber der Pol, der Äquator beweglich? Wenn der Pol, der heute Grönland und Franz-Joseph-Land vereiste, in der Diluvialzeit einfach näher bei uns gelegen hätte, Skandinavien in Binneneis begrabend wie Grönland, die Nordsee zur Eiswüste erstarrend gleich jener, in deren Grauen sich Nansen gewagt? Oder, wenn sich im Tertiär der Äquator einfach selber ein Stück weit höher zu uns heraufbog? Mit seiner Wärme des Palmenlandes? Weil der Pol diesmal seine Schneefelder fern auf der Beringstraße oder noch weiter blinken ließ? Wie das Ei des Kolumbus erscheint plötzlich diese neue Lösung — Lösung durch eine veränderte, eine selber auf den Kopf gekehrte Fragestellung ....

In der Arldtschen Theorie ist natürlich diese Folgerung selbst noch nicht gezogen. Gerade seine Art der Polwanderung durch Schiefenverlagerung der Drehachse hält er ja nur in der fernen Urzeit für möglich, während in den eigentlichen geologischen Epochen der Folge solche gigantische Zerrung, die die ganze Rotationsachse mitzog, viel zu umstürzlerisch gewesen wäre und sich in anders sichtbaren Spuren hätte eingraben müssen. Gleichwohl ist die ganze Logik bereits darin, und entsprechend war diese auch schon vor ihm in mehreren andern scharfen Köpfen unabhängig aufgetaucht, sobald auch sie irgendwie an das Achsenproblem gerührt hatten.

Klar tritt sie unter andern hervor bei Melchior Neumayr (1887). Neumayr ist in der Verwertung allerdings auch noch sehr vorsichtig. Es wird nur versuchsweise auch einmal so geprobt. Also z. B. die Permeiszeit: Man könnte ihre Eisfelder in den Randländern des Indischen Ozeans erklären, wenn man am Ende den Südpol nahe zu Ceylon wandern ließe. Dann käme aber der Nordpol nach Mexiko, wozu doch dem umsichtigen Geologen die nahen Farnwälder, die sich in den nordamerikanischen Kohlenfeldern verewigt, nicht passen wollen. Hier ist bereits ein Wichtiges gefasst: Lässt man nämlich den einen Pol wandern, so muss immer auch der andere mit und die Sache muss stets doppelt passen; ob die Eiszeiten als Klimasturz stets „bipolar" waren, darüber herrscht noch Streit; wenn aber nur der wie heute vereiste Nordpol wandert, muss der Südpol, wo immer er dabei mit hinkommt, auch ein Eisfleck sein und umgekehrt. Für die Diluvialzeit ist Neumayr ganz zweifelnd. So nah zur Gegenwart scheint auch ihm ein solches Theater wie eine Polverschiebung doch allzu gewagt. Aber die warme Tertiärlandschaft bei uns und bis zum 82. Breitengrad hat's ihm wirklich etwas angetan. Zunächst sieht es ja auch da aus, als sollte man unmöglich durchkommen. Allzu weites Verschieben des Pols schien auch hier nicht zulässig. Der alte Heer hatte aber bereits betont, die immergrünen Tertiärwälder schienen einen geschlossenen Ring um die heutige Pollage zu bilden, in der keine Lücke zum Hinausschieben sei. Und der englische Geologe Houghton hatte das in das hübsche Bonmot gefasst: Diese alten Wälder hielten den Pol wie eine Rotte Dachshunde eine Ratte zum Nichtentkommen eingekreist. Neumayr glaubte aber doch den Finger auf eine verdächtige Stelle legen zu können, und zwar kam er dabei auch ungefähr auf Nordasien, gegen das der Pol im Meridian von Ferro um etwa 10 Grad damals verschoben gewesen sei. Dann lag keiner der entscheidenden arktischen Pflanzenfunde nördlicher als bis zum 73. Grad, was allerdings immer noch 3 Grad mehr blieb, als heute auch vom letzten Kümmerwald zu unserm Pol erreicht wird. In Alaska und Japan aber sollte die Pflanzenwelt wirklich einen nordischeren Anstrich gezeigt haben als sonst so weit herab im Ring, was also zu der damals hier polnäheren Lage passte. Der letztere Gedanke ist nachher von Nathorst besonders ausgebaut worden, der mit seinem wanderpol aber noch um 10 Grad weiter nach Ostasien hineinging. Die Einzelheiten der ganzen Konstruktion aber haben immer wieder der Kritik seither mit Für und Wider unterlegen ohne Abschluss. Eine gewisse Spitzfindigkeit hat sich nicht herausbringen lassen. Europa kam inzwischen bei Neumayrs Deutung um 8—10 Grad weiter vom Pol ab als heute, was seine Palmeninvasion immerhin dem Verständnis etwas näher rückte.

Was den viel genannten wiener Geologen aber nun am entschiedensten anzog, war auch ihm die Frage: wie solche Polverschiebung in solcher immer noch verhältnismäßig späten Zeit ursächlich zu denken sei und ob sie zu denken sei? Ab sah er für sein Teil wohl unzweideutig von einer wirklichen Schiefenänderung der Drehachse im Sinne Emerson-Arldt. Wenigstens erwähnt er mit keinem Wort deren besondere tolle Jahreszeiten- und Zonenfolgen im Spiel. Dafür aber stützt er sich auf theoretische Gedankengänge des berühmten Mailänder Astronomen Schiaparelli und praktisch ganz besonders auf etwas, womit nun in der Tat hier noch einmal ein zweites und engeres Kapitel beginnt, wir müssen dazu noch einen Augenblick auch astronomisch ausholen.

Jener kastilische König im 13. Jahrhundert, der zu seinen Astronomen das geflügelte Wort sprach: Wenn er vom Schöpfer befragt worden wäre, hätte er das himmlische System weniger verwickelt geschaffen, zielte auf die zum Teil überflüssigen Wirrnisse des ptolemäischen Weltbaues, aber im Grunde hatte er eine ewige Wahrheit erfasst. Jener Ptolemäus ist gefallen, aber die Forschung hat immer neue Schraubereien, die uns Not machen, aufgedeckt. Und eine der verblüffendsten waren da vor Jahrzehnten (grade kurz ehe Neumayr schrieb) auf unserer unerschöpflichen Erdkugel die sogenannten Polhöhenschwankungen. Es kam zutage, dass diese unsere Erde nicht bloß im Präzessionszyklus immer wieder ihren Polarsternen fortlief und im besagten echten Schiefenzyklus gegen ihre Bahn anders eingestellt wurde, sondern auch noch sozusagen in sich selbst ständig höchst absonderlich wackelte. Anfang der 1880er Jahre meldete die Berliner Sternwarte, die sich gleich allen andern eine Säule im Meere der Unruhe dünkte, zum ersten Mal den befremdlichsten der Befunde an: Dass bei ihr die Polhöhe sich bewege oder, mit andern Worten, die geografische Breite von Berlin um ein Weniges mit ihr fortkrieche. Pulkowa, Gotha, Prag bestätigten uns lauter ebenso wankend gewordene Säulen. Da die Geschichte immer noch zu kühn erschien, wurde Markuse 1891 für ein Jahr nach Honolulu auf den Sandwichinseln, also an die möglichst antipodisch fernste Gegenecke der Nordhalbkugel, gesandt, um eine große Kontrollmessung zu Berlin vorzunehmen. Das Ergebnis war diesmal schlagend: Der alte Heraklit hatte einmal wieder beschämend recht mit seiner Weisheit, dass alles flieht. Die eigentümliche Zitterbewegung umfasste tatsächlich die ganze Erde. Es schwankt gewissermaßen dabei die reale Erdmasse an ihrer idealen Drehachse. Die Drehachse behält ihre Richtung auf den gleichen Stern bei, astronomisch wird also eigentlich nichts verändert. Aber irdisch zittert doch immer wieder ein anderes Stückchen Erdkarte über den Drehpol, und damit verschiebt sich natürlich die Gesamtlage aller Erdenorte zu diesem Pol entsprechend mit, — die ganze Erdkarte wackelt. Die genauere Messung ergibt allerdings, dass das Zittern nicht nur ein ganz geringes ist, sondern dass es auch insofern zunächst ein richtiges „Zittern" bleibt, als in den paar Beobachtungsjahren seither immer wieder nur kurze Bewegungskurven ineinander zurückgelaufen sind. Die äußersten Abstände betrugen dabei noch keine zwanzig Meter. In solchem Spielraum kreiselt also einstweilen für unsere Kenntnis, wenn man's noch einmal so ausdrücken soll, die Erdkarte über dem wahren Pol mit ihrer Spitze hin und her, ohne sich doch im ganzen — wenigstens gegenwärtig — für eine dauernde und einseitige Bewegung vom Pol fort zu entscheiden.

Man hat sich natürlich sofort den Kopf zerbrochen, woher diese offenbar nicht neue, sondern nur neu entdeckte Zitterei kommen könne, und findet die Ursache meist in gewissen periodischen Mehr- oder Wenigerbelastungen der Kugelseiten durch Luftdruckverschiebungen, wie sie unsere Barometer schon andeuten, und Ähnlichem. Die Hauptträgheitsachse der Erde und die Umdrehungsachse schlagen dadurch eben auch periodisch ein klein wenig gegeneinander aus. Immerhin zeigen sich aber doch auch schon in der kurzen Beobachtungszeit der paar Jahrzehnte mancherlei unerklärte Besonderheiten dabei. Und jedenfalls konnte nicht ausbleiben, dass schon früh auch hier eine Frage gestellt wurde, die jetzt abermals in unser Problem trifft.

Diesmal änderte sich die Drehachse als solche nicht, verschob also auch nicht ihre Schiefe im Erdkörper. Aber die Erdkugel als solche lief etwas über die Achse hin und her. Heute bloß hin und her auf ein paar Meter. Aber wenn auch das nun in alten Erdentagen auch einmal oder öfter zu einem wirklichen Darüberfortlaufen in bestimmter Richtung geworden wäre? Aufgrund irgendwelcher größeren geologischen Ursachen?

Man sieht auf den ersten Blick, dass auch das zu einer Art von „Polwanderung" führen müsste! Zum Himmel blieb zwar der Pol diesmal gleich. Aber irdisch, im Sinne der Erdkarte, zogen immer andere Länder oder Meere über ihn hinweg, soweit und lange jene große Abbiegung sich dehnte. Auch auf diesem Wege konnte das heutige Polarland vom Pol fortwandern und das Gebiet etwa der Beringstraße seine Stelle einnehmen. Da die Vereisung stets an den Drehpol anschloss, lag dann scheinbar der Eispol auf dieser Beringstraße, wie oben, während (alle Breiten schwanken ja mit, wenn die höchste über den Pol gleitet) wir in Europa gleichzeitig weit dem warmen Äquator zugedreht lagen. Oder umgekehrt: Wir konnten mit dem Zug der beweglichen Karte dem Pol zu gondeln, unter sein Eis gezogen werden, während die Beringstraße jetzt unten in das Klima der milden Südsee tauchte. Ausgeschaltet aber war bei diesem Lauf der Karte über den Pol alles, was früher beim wirklichen Lauf des Pols über die Karte infolge Absinkens des Achsenwinkels an verwegenen klimatischen Sonderzutaten sich hätte einstellen müssen. Es gab jetzt tatsächlich nur Äquatorwärme und Polareis wie heute auch über alle Geologie fort, aber eben: Es gab sie an immer wieder andern Arten der Erde, und das täuschte uns Eiszeiten und Tertiärparadiese vor ...

Das Für und Wider der Pendulationstheorie

Kein Zweifel, dass für unsern Neumayr diese Art der Theorie seinerzeit schon als die einzig diskutable erschienen ist, falls auch in späteren geologischen Perioden wirklich noch Polverlagerung mitgespielt haben sollte. In Einzelheiten, wie man sich auch das jetzt denken sollte, ist er indessen, schwankend, wie er zu letzterem Punkt eben doch schließlich blieb, nicht eingegangen. Mit umso größerem Nachdruck aber sollten hier jetzt wesentlich gleichzeitig mit Arldts Darlegungen mehrere unabhängige Gedankengänge innerhalb des großen geistigen Kampfes um die Eiszeit einsetzen. Ich greife davon eine zu etwas genauerer Betrachtung heraus, die sich besonders rasch durch ein glückliches Leitwort auch in weiteren Kreisen Eingang zu schaffen gewusst hat und schon deshalb klare Kennzeichnung an dieser Stelle fordert: — die sogenannte Pendulationstheorie.

Im Jahr 1901 erschien in dem 27. Jahresbericht des Vereins für Erdkunde zu Dresden eine kleine Abhandlung des Dresdener Ingenieurs Paul Reibisch über ein neues „Gestaltungsprinzip der Erde". Es handelte sich nur um ein paar Seiten, aber mit reichem Inhalt.

Der Verfasser geht zunächst ohne jeden Bezug zu Eiszeit und Klimafragen von der einfachen Tatsache der Verschiebung von Wasser und Land auf der Erde aus. Die Tatsache ist eigentlich der Anreger aller Geologie gewesen, wie sie schon vorher die Sintflutsagen beherrscht hat. Kein Zweifel, dass in den geologischen Epochen der Vergangenheit sich vielfältig anstelle heutigen Landes Ozean gebreitet hat und umgekehrt. In neuerer Zeit haben verdiente Forscher das aber in richtigen geologischen Karten festgelegt, die den Unterschied für bestimmte ältere Zeiten ziemlich übersehen lassen. Indem Reibisch solche Karten für Europa in der Jura- und Kreidezeit betrachtet, scheint sich ihm nun ein Gedanke aufzudrängen.

Das Europa der Jurazeit erscheint ihm wie hineingeschoben in einen größeren Wasserberg. Seine Niederungen sind überschwemmt, nur die heutigen Erhebungen ragen als Inselarchipel vor. Auf der Karte der späteren Kreidezeit ist es dann, als beginne umgekehrt das Land sich aus einem etwas flacher werdenden Meer herauszuschieben, wobei es in beiden Fällen viel weniger nach einem gewaltsamen neuen Empordrängeln des Landes selbst aussieht, als wirklich einem einfachen Eintauchen und wiederauftauchen in voller Breite. Ganz ähnliche Sachlagen aber scheinen sich auch heute noch in gewissen Gebieten der Erde abzuspielen. So scheinen in der südlichen Hälfte des Stillen Ozeans jenseits des Äquators die zahllosen polynesischen Inseln immer noch tiefer in die Wassermasse hineingepresst zu werden, Darwin hat bekanntlich seine ganze berühmte Korallentheorie darauf begründet, dass die Korallentiere ständig höher bauen müssten, weil ihre Küsten immer tiefer ins Wasser schnitten. Umgekehrt in der Nordhälfte dieses Stillen Ozeans arbeitet sich ebenso ersichtlich das Land seit Jahrhunderten aus den abflauenden Fluten heraus. Da die Wassermenge des Weltmeers als solche wohl unveränderlich ist, fragt sich, was für ein geheimes Gesetz hier walten könnte, das seit alters bald Wasserberge vor Ländern staut, bald diese Länder wie aufragende Schiffe aus den verflachten Wassern führt, vorausgesetzt immer, dass die Dinge wesentlich am Wasserstand liegen.

Dieses Gesetz würden aber nach Reibisch jetzt sehr gut jene Bewegungen der Länder und Meere über den Pol, geologisch und heute noch fortwirkend gedacht, geben können. Nehmen wir an, die kleinen Polhöhenschwankungen haben wirklich noch eine solche große Steigerung hinter sich. Der Pol wahrt seine Stellung zum Himmel, die Achse ihre gewohnte Schiefe; aber über den Fleck des Pols zieht immer neuer Boden. Dann muss noch eine Erscheinung in Kraft treten, die wir bisher nicht beachtet haben. Um Pol ist infolge der Zentrifugalkraft die Erde bekanntlich abgeplattet, am Äquator vorgeschwollen. Land wie Meer haben sich ursprünglich darauf eingestellt, wenn aber jetzt neue Länder und Meere über den Pol oder auch den Äquator rücken, so wird ein gewisser Konflikt unvermeidlich. Das bewegliche Wasser wird sich zwar sogleich neu nach der Zentrifugalkraft ordnen, am Pol flach auseinandergehen, auf dem Äquator einen dicken Wulst bilden. Das Land aber wird zunächst nicht so rasch nachkommen können. Auf sehr lange Dauer würde es sich ja wohl ebenfalls einigermaßen plastisch erweisen. Ich will dabei erwähnen, dass nach guten englischen Berechnungen zuletzt sogar eine solide Eisenkugel von Erdgröße sich durch innerste

Verschiebungen abplatten müsste, und Schiaparelli wollte Polverschiebungen überhaupt nur bei einer im Ganzen irgendwie plastischen Erde zugestehen. Aber zunächst wird ein Gegensatz bleiben, und er wird sich darin äußern, dass sich das noch nicht abgeplattete Land gegen den Pol zu aus den schon wieder abgeflachten Wassern höher heraushebt, während es umgekehrt gegen den Äquator in den Wasserwulst eintauchen muss. Sogleich erscheinen uns jene Bilder wieder: Der Südteil des Stillen Ozeans geht offenbar heute äquatorwärts und ersäuft entsprechend sein Land, — der Nordteil aber wandert zum Pol und entlässt deshalb seine Feste aus sich. Europa auf jenen Karten aber verfolgen wir bei einer alten Doppelwanderung: Im Jura lag es offenbar stark äquatorwärts eingetaucht, in der letzten Kreide dagegen hatte es Richtung gewechselt und stieg polwärts heraus, wenn wir heute das antipodische Südseegebiet zum Pol rücken sehen, so werden wir sogar vermuten, dass wir jetzt erneut auf der Tauchfahrt nach Süden begriffen sind.

Eben daran aber wird für Reibisch noch eine interessante Wahrscheinlichkeit hell. Dieses periodische Auf- und Abpendeln ein und desselben Erdteils mit seinen Küsten herauf und herunter im Laufe schon von ein paar geologischen Zeitaltern scheint darauf zu deuten, dass die ganze Wanderbewegung über den Pol keine unbegrenzte Drehung ist, sondern selber ein bestimmtes Hin- und Herpendeln in nicht allzu langen Ausschlägen darstellt. Die Länder und Meere, die jetzt in bestimmter Richtung über den Pol drängen, machen nach gewissem Zeitraum wieder kehrt und drängen zurück. So ist Europa seit der Jurazeit einmal ganz heraufgegangen und bereits wieder umgekehrt, wenn es dereinst abermals den Kurs wechselt, so wird auch drüben der Stille Ozean seine Richtung umdrehen. Diese Pendelausschläge der Karte zeigen aber nur, was die Erde im Ganzen macht. Auch sie beschreibt eine Pendelbewegung zu ihrer Drehachse, als würde sie außer ihrer regelmäßigen und raschen Tagesdrehung noch von einer dämonischen Macht zwischen zwei Fingern gehalten und langsam ein Stück über die Pole vor- und zurückgedreht. Man kann sich die Sache leicht an einem kleinen Globus vormachen, den man im Äquator mit einer Nadel durchsticht und schwingen lässt. Wenn Europa dabei grade auf dem größten Schwingungskreise laufen soll, so muss der eine Schwingpol ungefähr auf Ekuador in Südamerika und der andere auf der Insel Sumatra liegen, und mit diesem Bild hat man tatsächlich den Kern der ganzen seither so vielbesagten „Pendulationstheorie" erfasst. Der Rest sind bei Reibisch nur einfache Folgerungen, darunter allerdings eine jetzt noch für uns entscheidend wichtige.

Wenn die Pendulation schon durch die ganze Geologie heraufkommt, so muss der Schwingungskreis über Europa (etwa der zehnte Grad östlich von Greenwich, der Deutschland schneidet und sich fern über den Pol zur Beringstraße und dem Stillen Ozean verlängert) seinen Ländern am meisten Abenteuer gebracht haben, denn hier ging's zwischen Äquator und Pol immerzu auf und ab. Die konservativsten Ecken dagegen müssen die Schwingpole selbst gewesen sein, während dort die Fortentwicklung des Lebens blühte, haben sich hier noch altertümliche Tiertypen bis heute lebend erhalten, wie der uralte Molukkenkrebs (Limulus) und der vom Mitteltertiär an unveränderte Tapir. Hier muss ewiges Tropenparadies geblüht haben. Indem diese Klimafrage berührt wird, rührt aber auch Reibisch unvermeidlich an die Eiszeit selbst. Europa auf seinen Pendelfahrten erlebte nicht nur Wasser- und Landabenteuer, sondern notgedrungen auch klimatische. Es ist wichtig, dass die Pendulation bei Reibisch nicht erfunden wird, bloß um diese Klimadinge zu erklären, desto glatter aber scheinen sie sich ihr zunächst einzufügen.

Solange Europa aquatorwärts gependelt war, musste es auch Tropenhitze haben. Unsere alten Saurier haben sich wohl darin gesonnt. Und auch als mit Spätkreide und Frühtertiär die abflauenden Wasser beginnende Polumkehr verrieten, ging es zunächst durch warme Zonen zurück. Dass dabei aber auch Spitzbergen und Grönland grünen Wald trugen, ist ebenso selbstverständlich, lagen sie doch damals vom Pol fort, noch lange über die gemäßigte Zone hinausgependelt, während im Zeichen des wahren Pols erst die Gegend hinter der Beringstraße stehen mochte. Und spielend wird hierbei etwas mitgelöst, das uns bisher fast in allen Eiszeittheorien so verzweifeltes Kopfzerbrechen gemacht: die Lichtfrage, wenn etwa der Boden Spitzbergens damals wie auf einer ungeheuren Drehbühne an die Stelle des heutigen Südeuropa geschoben war, so hatte er eben keine lange Polarnacht und konnte unbehindert seine Magnolien und Zypressen tragen, wie die heutigen Hügel von Bologna. Man wird das Glück der Theorie an dieser Stelle nicht unterschätzen! Nun aber, als die Bühne zurückdrehte und auch da noch weiter drehte als heute, kam Skandinavien genauso folgerichtig ins Polareis und die „Eiszeit" brachte alle ihre Schrecken zu uns, — nicht weil's wirklich kälter auf der Erde geworden war, sondern bloß einfach, weil wir jetzt näher auf den ewig vereisten Drehpol selbst hinaufgependelt waren. Damals dräute uns die Polarnacht, und die Moschusochsen Grönlands fanden bei uns die baumlose Moossteppe der arktischen Öde. Zwei Forderungen hatten nach Reibisch in allen Eiszeittheorien von je eine Hauptrolle gespielt: ein Klima, wie es viel nordischeren Breiten entspräche — und eine gesteigerte Erhebung des Landes über den Meeresspiegel. Beides bietet die Pendulationstheorie, indem sie wirklich in die hohen Breiten zaubert und zugleich das ungebrochene Land immer steiler aus dem abgeplatteten Meer herausrücken lässt.

Der Rest der Abhandlung dient im letzteren Punkt dann noch einigen vorsorgenden Beschränkungen zur Abwehr allzu leichter Einwürfe. Wirkliche Hebungen und Senkungen auch des Erdbodens selbst aus inneren pressenden oder eruptiven Gründen müssen natürlich das allgemeine Bild im Einzelnen stets durchkreuzt und verschoben haben, auch ist das wandelnde Festland, wie gesagt, nicht unbedingt unnachgiebig. Die erlahmende Zentrifugalkraft bei zum Pol rückenden Landmassen und Seeböden wird die Tragfähigkeit der Oberfläche entspannen und Einbrüche begünstigen. So ist das nördliche Eismeerbecken ein solcher junger Einbruch, der dann für sein Teil wieder durch Seitendruck heute noch Spitzbergen und Skandinavien hebt in scheinbarem Widerspruch zu ihrer doch jetzt schon wieder äquatorialen Pendulation. Diese örtlichen Schwankungen müssen eben stets von dem großen „Gestaltungsprinzip" in Abzug gebracht werden, wenn die Sache richtig stimmen soll. Geschickt, wie das alles gruppiert ist, übt es eine glänzende Wirkung aus.

Erst 1905 und 1907 ließ Reibisch dieser gehaltvollen ersten Mitteilung noch zwei weitere kurze Abhandlungen am gleichen Ort folgen, mit denen einstweilen seine Arbeit zur Sache abschloss. Die zweite Studie verfolgt weiter jenes Verhalten des Landes bei polarer und äquatorialer Pendulation mit ihrem Einfluss auf Gebirgsfaltung, Erdbeben, Spalten- und Karstbildung, — während die dritte noch einmal der Eiszeit im Besonderen gewidmet ist. Grade vor dieser „Eiszeit" werden wir jetzt aber in die Schwierigkeiten auch dieser Theorie eingeführt. So verblüffend diesmal alles zu klappen schien, hatte sich doch schon bei der ersten Behandlung ein Widerspruch gezeigt, auf den jetzt noch einmal genauer eingegangen wird.

Nach dem gangbaren Tatsachenbild lag in der Diluvialzeit gleichzeitig zu Europa auch Nordamerika unter ungeheurem Eis. Dieses Eis reichte dort von Labrador bis gegen Alaska und bedeckte die Vereinigten Staaten bis an den Zusammenfluss des Ohio und Mississippi, 15 Millionen Quadratkilometer Land unter sich begrabend, wenn aber Europa damals sein Eis erhielt, weil es näher zum Pol gependelt war, — wie konnte Nordamerika vereist sein, das doch dann schon wieder weit über den Pol hinaus gependelt sein musste? Reibisch versucht indessen noch einmal zu parieren. Zunächst schränkt er das räumliche Maß von Europas Nordpendeln selber stark ein. Nur dreieinhalb Grad mehr seien dazu nötig gewesen, also so viel, dass Berlin heute etwa auf die Breite Südschwedens rückte. Dann hätte die riesige gleichzeitige Landerhöhung, die unter anderem die Nordsee in ein steiles Hochplateau mit den Shetlandinseln als Gebirgsstock verwandelte, reichlich zum Binneneisstrom gelangt, der auf Europa floss. Tatsächlich aber sei die nordamerikanische Vergletscherung überhaupt nicht mit unserer zusammengefallen! Sie sei eben älter! Amerikanische Geologen nähmen in ihr drei zeitlich einander folgende Stufen an, die sich räumlich von West nach Ost ablösten, als habe die Kälte zuerst das westliche Felsengebirge angehaucht, dann die Mitte neben der Hudsonsbai und endlich Labrador. Das entspreche aber genau dem langsamen Vorbeiziehen

Nordamerikas am Pol schon zu Zeiten, da Europa mit seiner Pendulation noch weit südlich zurück war. Auch das klingt zunächst gut, wenn schon das „Hineinsehen auf der Karte nicht jedem so ganz leicht werden wird. Was man aber zwischen den Zeilen verstehen muss, ist, dass das nordamerikanische Eis dann gar nicht im Diluvium gewesen wäre, sondern noch im Tertiär! Als bei uns noch die Affen und Giraffen des Tropenwaldes hausten, begannen drüben schon die Gletscher über Alaska aufzublinken, das als Erstes auf der großen Nordfahrt die Nähe des Pols erreicht hatte und zu spüren bekam. Und während wir erst langsam die halbtropische und gemäßigte Zone durchwanderten, floss dort das Binneneis des nahe passierten Pols, bereits alles erkältend und die öde Moostundra vor sich her breitend, bis zum Mississippi.

Man sieht auf den ersten Blick, was für eine Umwälzung aller unserer geologischen Begriffe bisher das bedeutete. Auch in Nordamerika bedingte der vorrückende Eisrand eine völlige Umgestaltung der Tierwelt, die unserer diluvialen in Europa entsprach. Jetzt müssten diese amerikanischen Eiszeittiere (also wollhaarige Mammute, Moschusochsen u. dgl.) alle auch schon tief im Tertiär gelebt haben. In diesem Tertiär belebten aber für unsere geltende Anschauung bisher unendliche Scharen nicht eiszeitlicher Säugetiere aller Art die grünen Steppen und Wälder drüben. Riesige Knochenlager, wie sie kaum wieder auf Erden so vorkommen, geben uns von ihrem beispiellosen Reichtum ein überwältigendes Bild. Schichtenweise folgten sie sich, lösten einander ab, wie man stets glaubte, im Verlauf des Tertiärs. Dort war es, wo sich jene wunderbaren Stammbäume (z. B. der des Pferdes) fast lückenlos haben zurückverfolgen lassen. Auch das müsste jetzt alles umdatiert werden, man weiß nur nicht recht, wohin man damit zurückgehen soll. Soll man für die älteren Geschlechter bis in die Drachentage der Kreide hinunter, während doch keine Spur der alten Riesendrachen selbst sich mehr zwischen die völlig andersartigen Knochenfunde mischt? Das alles aber nicht aus eigenen Gründen, sondern nur um der Pendulation willen! Gewiss: jene Vermutung ist merkwürdig, dass die „Eiszeit" sich in Nordamerika stufen- weise von West nach Ost bewegt habe, vorausgesetzt, dass sie richtig ist, worüber, genau gesagt, doch auch noch Streit besteht. Man würde die Sache unter die mancherlei bisher rätselhaften Einzelsonderheiten des großen Eiszeiträtsels verbuchen müssen, und ich gebe Reibisch durchaus recht, dass sie nach einer räumlichen Kältewanderung aussieht, die anders lief als die nordsüdliche in Europa. Niemals aber würde sie bloß aus sich auf die grundumstürzende Vermutung führen, dass das ganze nordamerikanische Diluvium tiefes Tertiär gewesen sei, wie es die Konsequenz der Pendulation hier fordert.

Kühne Gedanken jedenfalls! Unwillkürlich senkt man einen Augenblick das Blatt und schaut im Sinn nach der andern Eiszeit hinüber, — jener fernen der Permzeit, wenn Europa damals auch polwärts gependelt war, worauf seine Eisspuren deuten könnten und wie es auch Reibisch annimmt, so konnte wohl unmöglich gleichzeitig Südafrika vergletschert sein. Und es müsste auch hier das einheitliche Bild erst unserer gangbaren Geologie zum Trotz auseinandergerissen werden, — wie denn Reibisch wirklich diese südafrikanische Vereisung vom Perm fort bis in die Jura- und Kreidezeit rücken möchte; wozu doch auch hier die anschließenden altertümlichen Farne und Reptile wieder nicht passen. Die Vergletscherung Indiens mit ihren so auffälligen Spuren muss aber überhaupt höchst problematisch erscheinen wegen der unmittelbaren Nähe zu dem einen der ewig tropisch, ewig polfern gedachten Schwingpole der Theorie auf Sumatra. Andererseits kann man aber diese indische Gletscherschrift doch nicht einfach der Theorie wegen streichen. Und man wird jedenfalls begreifen, dass vonseiten der Geologen auch der geistvollen Pendulationsidee noch reichlich Fehde angesagt werden musste. Und wird bei aller Anerkennung ihres genialen Gedankenblitzes nicht übersehen, dass auch sie noch nicht so sehr alle Eiszeittatsachen erklärt, als sie erst für sich wesentlich umgruppieren muss.

Inzwischen war der Lehre aber ein begeisterter Prophet erstanden in dem Leipziger Zoologieprofessor Heinrich Simroth, der ihr 1907 ein eigenes umfangreiches Werk („Die Pendulationstheorie") widmete. Simroth erweitert zunächst die schlichten geologischen Schlüsse Reibischs in einer für sich geistreichen, wenn auch, wie mir scheinen will, nicht immer glücklichen Weise, spielt aber dann die Hauptsache auf das Gebiet der Tierkunde und allgemeinen Entwicklungslehre über. Das uns bekannte Leben begann nach ihm einst in den Tropen. Es breitete sich zunächst also im ganzen Tropengürtel aus. Dann entführte aber die einsetzende Pendulation einzelne Arten mit ihrem Boden polwärts. Ein Teil ging im Kampf mit dem neuen Zonenklima ein, andere bogen wieder seitwärts aus, ein gewisser Stamm aber fand grade so die Anregung zu lebhafter Neuanpassung und Fortentwicklung. Der entschiedenste Schauplatz war dabei der meistbewegte Schwingungskreis, der über Afrika, Europa und den Stillen Ozean ging. Im Engeren blieb doch noch wieder das kleine Europa mit seinem reichen Wasser- und Landwechsel dem starren Block Afrika wie dem reinen Südseewasser über, — Europa ist, wie später die Hochburg der Kultur, so bereits seit Urtagen für Simroth das vorbestimmte Land aller Entwicklung gewesen, wobei die polaren Pendulationen besonders stark empor gesteigert zu haben scheinen, während die äquatorialen mehr in die Breite üppigen und abenteuerlichen Formen- und Größenspiels führten; man ahnt, dass im polaren Weg der Mensch entstanden sei, während auf äquatorialem die grotesken Riesensaurier lagen. Auch dieser Gedankenflug, dem Simroth den ganzen Schmuck seiner reichen Kenntnis und Fantasie verliehen, hat unverkennbar Verlockendes. Sicher bewährt, würde er nicht nur die Entwicklungslehre überraschend fördern, sondern auch der Pendulation eine große Hilfe sein. Aber diese Pendulation steht und fällt nicht mit ihm, und wir können diese Fachfehde der Zoologen und Botaniker, die sich unabhängig nun wieder daran geknüpft, hier ruhig, als von unserem eigentlichen Thema zu weit fortführend, auf sich beruhen lassen, wesentlich sind dagegen noch ein paar Ideen Simroths zur Pendulation selbst.

Die einzelnen Schwingungsausschläge verteilt er genau auf unsere bekannten Epochen der Erdgeschichte. Im Altertum des Erdlebens (Paläozoikum) sollen wir polar gependelt sein, im Mittelalter (Mesozoikum) äquatorial, im Tertiär wieder polar, und heute soll's, wie gesagt, abermals äquatorial gehen. Nun waren aber diese Weltalter ganz ungeheuerlich an Länge verschieden: das älteste endlos gegen das mittelste, dieses mittlere aber wieder riesenlang zum Tertiär. Die Pendulationen, wenn sie sich dort deckten, müssten also in Wahrheit auch nicht regelmäßig, sondern ganz verschieden, einst langsamer und nachher immer schneller erfolgt sein. Das aber bringt auf die Frage, was überhaupt zur Pendulation geführt haben könnte, und hier hat Simroth nun einen ganz kühnen Einfall gehabt. Die Pendulation sollte auf einem uralten Stoß beruhen, den die Erde erhalten hat.

In einer der stets höchst witzigen und anregenden, wenn auch stofflich heute öfter veralteten Geschichten Jules Vernes, kommt ein zweiter Mond der Erde vor. Mondfahrer, die in einem hohlen Projektil aus einer riesigen Kanone geschossen sind, werden von ihm aus der Richtung gelenkt. Jules Verne, mit seinem Geschick des überall Herumstöberns, stützte sich dabei auf eine halb vergessene und wissenschaftlich nicht durchgedrungene Rechnung eines französischen Physikers, der aus Mondstörungen wirklich auf das Dasein eines wegen Winzigkeit bisher unbeobachteten zweiten Erdmöndchens geschlossen hatte. Solches Möndchen sollte nach Simroth nun in Urtagen gar auf die Erde heruntergestürzt sein und in die damals noch dünne Kruste den Block eingeschlagen haben, der später Afrika bildete. Ganz neu war auch diese Idee nicht, wie ich denn vor vielen Jahren schon einmal gelesen habe, Australien sei von einem Kometen abgesetzt worden. Jetzt bei diesem Stoß Simroths sei aber nicht nur überhaupt die Erde erst schief gestellt worden, sondern es schwankten seitdem auch ihre Achsen in der Weise gegeneinander, wie er die Pendulation ungefähr voraussetzt. Die Sache ist in Simroths auch etwas reichlich unklar ausgedrückt, und Theodor Arldt hat sie in der Folge einer, wie man wohl sagen darf, vernichtenden physikalischen Kritik unterzogen. Das Nachzittern eines solchen Stoßes über hundert und mehr Millionen Jahre fort bei ganz unfassbar langsamen Anfangsausschlägen hat ja für das erste Nachdenken schon etwas Längliches. Arldt zeigt aber, dass er nur die Erdbahn, Erdschiefe und tägliche Erddrehung hätte ändern, im Übrigen aber präzessionsartige Gesamtschwankungen auslösen können, die mit Pendulation nichts gemein haben. Vorausgesetzt, dass ein sich nähernder Mond sich nicht überhaupt nach den vom jüngeren Darwin entwickelten Gesetzen in Spiralwindungen bewegt und längst vorher in einen Meteoritenring aufgelöst hätte; und ganz abgesehen von den ungeheuren Schmelzwirkungen einer solchen Stoßkatastrophe. Simroth hat denn auch später selbst seiner kleinen Julesverniade eine etwas andere Wendung gegeben und bis zu seinem leider während des Kriegs erfolgten Tod einer magnetischen Hilfstheorie gehuldigt. Nachdem die Erde als kleiner Magnet durch einen Stoß verschoben war, sollte die Sonne als großer Magnet wieder in parallele Lage zu bringen bestrebt sein, was sich in der Pendulation äußere, wird man bei der ganzen Pendulation schon bisweilen an des alten Adhémar Sintflutgemälde mit seinen Schwerpunktverlegungen erinnert, so wirkt es an dieser Stelle erheiternd genug, dass eben bei Adhémar gelegentlich auch bereits eine solche kosmische Magnetfantasie vorkommt: 1799 habe einer die Erde pendeln lassen, weil die Kometen ihren Magnetkern hin und her zögen. Reibisch selbst hat seine Ansicht von den wirkenden Ursachen der Pendulation übrigens bisher nicht veröffentlicht, und alles in allem wird man der ursprünglichen Theorie wohl nur nützen, wenn man die Stoßgeschichte wieder möglichst von ihr fortdenkt.

Unterdessen war aber längst noch wieder etwas Neues in die lehrreiche Debatte geraten.

Arldt in jener kritischen Studie betonte, es gäbe immerhin noch eine vage Stoßmöglichkeit: Wenn nämlich die Erde nicht einheitlich gebaut wäre, sondern mit ihrer Rinde gegen den Kern verschoben werden könnte. Dann könnte ein ganz flacher Stoß die Rinde vielleicht ein Stückchen weit über den ruhig weiter drehenden Kern geschoben haben, und indem Ausgleichsspannungen sie wieder zurückzögen, möchte wenigstens einmal etwas Pendulationsartiges entstehen. Er selbst maß auch dem keine große Wahrscheinlichkeit bei, aber man konnte vom Stoß absehen und doch in der Rindenverschiebung an sich etwas Fesselndes finden. Dem Leser, dem vielleicht schon die Pendulation selbst etwas zu viel war, mag es ja vollends hier gräueln: Nun sollen ihm nicht bloß die Achsen wackeln, sondern gar die ganze Erde sozusagen in Fleisch und Bein zu zwei Stücken zerbrechen, die übereinander klappern wie in einer japanischen Vexierkugel. Die Grundlage der Geschichte ist indessen wieder weit weniger toll, als es ausschaut.

Es kommt nämlich zunächst nur darauf an, wie man sich das Innere der Erde vorstellt, und darüber gibt es bekanntlich mehrere gut zu begründende Ansichten. Eine ziemlich gangbare nimmt allerdings nach unten zu, eine geschlossene Folge aller Übergänge von fest durch flüssig zu gasförmig ohne jede Trennungsfläche an, und an solcher Kugel, die praktisch als strenge Einheit zu gelten hätte, könnte sich nichts verschieben. Aber grade neueste Forscher von Ruf glauben auch wieder an einen festen Metall-

(Eisen-)kern, auf dem eine oberflächliche Steinkruste liegt, die vielleicht in 1500 Kilometern Tiefe scharf abgesetzt und in der Sohle selber plastisch wäre. Unsere allerneuesten Rechnungen über Leitung der Erdbebenwellen im Erdinnern sprechen recht stark hierfür, und damit ginge es schon, wie es aber oft mit der „Duplizität" von Entdeckungen ist, dass zwei zu gleicher Zeit auf Gleiches kommen, so war fast zugleich (unbedeutend später) mit Reibischs erstem Heft ein schmuckes Buch erschienen, das wirklich die ganze Sache von hier aufzurollen versuchte. „Die Äquatorfrage in der Geologie", von p. Damian Kreichgauer S. v. D., Lehrer der Mineralogie und Geologie in St. Gabriel bei Mödling in Niederösterreich, gewidmet dem hochwürdigen Herrn Generalsuperior usw. Das Werk stammt, wie man sieht, diesmal aus streng katholischem Kreis, befleißigt sich aber nach dem Vorbild des bekannten vortrefflichen Vatikanastronomen Pater Secchi in allen kosmogonischen Fragen einer durchaus achtenswerten wissenschaftlichen Unbefangenheit.

Auch der Pater Kreichgauer, der an Kant-Laplace keinen Anstoß nimmt und geologisch überall im Bilde ist, geht gleich unserm kosmischen Ingenieur Reibisch davon aus, dass die Drehachse selber sich nicht geändert hat, wohl aber immer wieder andere Länder und Meere Drehpole und Äquator überkrochen haben. Das aber konstruiert er jetzt ernstlich so, dass der Erdkern seine Drehung behält, dagegen die Rinde auf ihm rutscht. Der Erdkern ist ihm flüssiges Eisen, da Druck die Metalle verflüssige. Darauf schwimmt die Rinde, unten nachgiebig und an ihren Spalten verschiebbar wie eine lose verbackene Eisschollenschicht. Sie in Bewegung zu setzen, bedarf's keiner Mondstöße, sondern nur der eigenen Schubkraft, wie sie durch ungleiche Belastung, Faltenwurf und zentrifugale Zerrung immer wieder erzeugt wird. Dann aber legt sie weite Strecken zurück mit allem, was auf ihr ist, — „Waldung, sie schwankt heran, Felsen, sie lasten dran", wie es im „Faust" heißt. Und dem Pater entgeht nicht, dass auch so vermeintliche „Eiszeiten" entstehen müssten, wenn die treibende Bank andere Landschaften über die kalten Drehpole führt, wobei er gewissenhaft verzeichnet, dass schon ein anderer vor ihm, der Jesuitenpater Kolberg, an solchen Rindenzug zur Erklärung gedacht habe, während ihn selbst doch die Pole weniger interessieren als der alte Äquator. Durch was für wechselnde Gegenden sich dieser Äquator in den Erdaltern gespannt, sucht er noch an den verklungenen Gebirgen abzulesen, die immer eine äquatoriale Falte geliebt, oder aus den Bändern roten Sandsteins, die, in der Wärme gebildet, heute noch uralte Gletscherzonen zu künden scheinen.

Da aber offenbart sich ihm nun vor seiner reisenden Schollendrift der Jahrmillionen keine auf und ab wippende Pendulation, sondern er meint, die ganze Binde sei um und um getrieben, bis das Gebiet des alten Nordpols regelrecht zu dem des Südpols geworden, also für den äußeren Anblick die ganze Erdkarte sich auf den

Kopf gestellt habe. Ich musste, als ich's las, an verträumte Stunden mit August Strindberg denken, der bekanntlich ab und zu in paradoxer Naturgeschichte dilettierte: wie er mir einmal begreiflich zu machen suchte, der Mond drehe sich langsam von Pol zu Pol. In der Vision des Paters Kreichgauer erschien das leibhaftig für unsere ungeheure Erde, die zwischen Vorkambrium und Diluvium ihre Pole vertauschte. Manches in den verschiedenen Pollagen, das der Pendulation Kopfzerbrechen macht, gibt sich so in der Tat noch anschaulicher. In Mehrerem ist aber doch auch wieder merkwürdig, wie der Pater unbewusst in Schritte lenkt, die auch der Ingenieur getan. Auch bei ihm schiebt sich die Rinde in ganz ähnlichem Hauptkreis über die Pole, von zwei Tropenstellen aus gedreht, die unmittelbar an Reibischs Schwingungspole erinnern, — bloß dass er seine Schollen freier treiben und ausbiegen lassen kann, als in Reibischs starrem System möglich wäre. Und die diluviale Eiszeit muss entsprechend auch er zeitlich zerstückeln, bis ihre nordamerikanischen Akte sich schon durch das ganze Tertiär ziehen. Hier aber war es nun wieder Simroth, der allen Ernstes eine nachträgliche Kombination aus Rindenrundfahrt und Pendulation selber versucht hat. In einem Nachtrag zu seinem Pendulationsband meint er, auch die Pendulation könne schließlich ganz gut als eine reine Rindenbewegung, wenn schon eine bloß pendelnde, gedeutet werden, unter der unbeschadet der metallene Erdkern seine alte Drehung bewahrte, womit immerhin eine Brücke gegeben war, auch diese Pendulation irgendwie in Kreichgauers Sinn auf rein irdische Ursachen ohne kosmischen Roman zurückzuführen.

Simroth hat an der gleichen Stelle aber noch eine interessante Anlehnung gesucht.

Bei unserem geologiebeflissenen Pater ist, wie gesagt, seine Krustenbewegung im Einzelnen viel willkürlicher: So lässt er sie z. B. im Tertiär und Diluvium nördlich eine richtige Kurve beschreiben, die den Eispol wirklich abbiegend über das arktische Amerika und rund um Grönland führt. Da möchte man fast fragen, ob nicht einzelne Krustenschollen hier gesondert herumgesteuert sein könnten. Aus diesem Gebiet ist aber nichts so paradox, dass es nicht auch einmal ernstlich verfochten werden sollte, wenn nun ganze Erdteile sich geologisch von der Stelle bewegten, hin und her schwämmen, zerbrächen und in den Stücken voneinander abtrieben? Man braucht bloß an die Gebirgsfalten zu denken, um sich zu sagen, was für unheimliche Beweglichkeit jedem „Festland" schon an sich innewohnt. Jede Falte muss soundso viel vorher flach gebreitetes Land zu sich herauf gestaut haben, wie viel Ebene mag zusammengerückt sein, den ungeheuren Himalaja zu bilden, — die wieder herauskäme, wenn man seine Falten zurückglätten könnte. Man sieht schon auf dem Wege die einzelnen Länder geologisch vor- und zurückkriechen, wie ein Polyp seine Fangarme breitet und sich dann wieder zum Klumpen ballt. Aber das gliedert sich vielleicht nur in ein noch viel größeres Bild.

Wem ist auf der Karte nicht einmal aufgefallen, dass Grönland wie ein an einem Spalt abgerücktes Stück Nordamerika aussieht? Oder Südamerika, als sei es mit der Schere aus Westafrika herausgeschnitten? Die ganze Ostküste des Atlantischen Ozeans scheint sich auf der andern Seite geradezu fortzusetzen: Afrikas große Tafel in dem Tafelland Südamerikas, die Bruchzone unseres Mittelmeers in der mittelamerikanischen, Europas Ebenen in den Prärien, Skandinaviens Berge in den Bergen Grönlands. Alle neuere Geologie hat hier an versunkenes Zwischenland gedacht. Eine nordische und eine südliche Atlantis, die einmal untergegangen, während die Pfeiler hüben und drüben stehen blieben. Aber der Boden des Atlantischen wie aller Ozeane scheint nicht so einfach bloß auf versunkenes Festland zu weisen. Schweremessungen deuten eine andersartige, schwerere Gesteinsmasse da unten an. Es ist, als sei eine tiefere Schicht der Erdrinde hier überall angeschlagen. Die Erdteile scheinen sie voneinander rückend einfach freigegeben zu haben wie den Grund einer ungeheuren gähnenden Spalte. Über sie geht offenbar ganz in der Tiefe auch unter diesen Erdteilen selbst weiter. Im Meeresgrund oberflächlich vernarbt, ist sie da drunten plastisch-flüssig. Aus ihr quillt angeschlagen die heißflüssige Lava. Die Erdteile aber, kolossale Brocken viel leichteren Gesteins, wurzeln in diesem Tiefenfluss. Sie hängen darin lose im Gleichgewicht wie riesige Eisberge im Meer.

Dazu aber muss man sich nun noch einmal eine gewisse Theorie der Erdrinde überhaupt machen. Nife, Sima und Sal kommen in Betracht. Die Worte klingen ja zunächst wie aus der Mythologie der Edda. In Wahrheit hat sie unser größter zeitgenössischer Geologe, Sueß, zum eigensten praktischen Gebrauch geschaffen. Den Erdkern soll uns wieder eine Eisenkugel bilden, — sagen wir nach der Natur der Meteorsteine, die zum Teil vielleicht Trümmer solcher anderen Weltkörperkerne sind, aus Nickeleisen. Nickel mit Ferrum, d. i. Eisen, gibt abgekürzt Nife. Auf diesem Nifegrund erst ruhe die Rinde. Aber diese Rinde besteht zunächst selber wieder aus einer unteren schweren Schicht, in der Tiefe zähflüssig. Das ist jene, die unter den Meeresböden hergeht und in der die Erdteile stecken. Silizium (Kieselstoff) und Magnesium mögen sie wesentlich zusammensetzen, — daher Sima. Ursprünglich schwamm auf ihr einheitlich die oberste Decke, im Verhältnis zu dem schweren Fluss darunter schaumig leicht, etwa wie Eis oder Bimsstein. Silizium mit Aluminium als Hauptbestandteil, — daher Sal. Aber diese Sal-Decke zerriss früh schon in lose Brocken: Das sind unsere Kontinente, wo sie, durch Faltung gekürzt, sich trennten, Raum ließen, da bildete das vernarbte Sima die Ozeanböden. Die Festländer selbst aber hängen als Sal-Trümmer noch mit den Sockeln schwebend eingetaucht im flüssigen Tiefensima. Warum sollen sie nicht gelegentlich noch bis heute auf ihm sich auch bewegen, fortschwimmen, abtreiben können? So noch in gar nicht ferner Zeit erst Amerika von Europa-Afrika fort und Grönland wirklich von Amerika. Es sollen sich sogar kleine jährliche Beträge herausrechnen lassen, um die dieses Auseinanderrücken gegenwärtig noch andauert.

Es sind Gedankengänge, die Alfred Wegener in Marburg so oder ähnlich gegeben hat (1912 in „Petermanns Mitteilungen"). Das „Prinzip der horizontalen Beweglichkeit der Kontinente" nennt er's, ihm selber erscheint's paradox, aber doch denkenswert. Natürlich gibt es mancherlei nahe Einwände dagegen, von denen er selbst einen hervorhebt: Warum nicht jede Verschiebung der Erdteile heißflüssiges Tiefensima entblöße, das, ehe es selber zu Ozeanboden erstarrt, die entsetzlichsten Lavakatastrophen erzeugte. Er meint, unterseeische Lavaergüsse pflegten sanft zu verlaufen, in stärkeren Fällen der Urwelt aber habe wohl wirklich hier auch wilderer Vulkanismus angeknüpft, — wohl keine schlagende Erklärung. Aber vergegenwärtigen mag man sich auf jeden Fall, was auch das noch wieder in das Eiszeitproblem tatsächlich hineintragen würde. Schon jene einfache Faltenraffung könnte Länder heute weit vom Pol fortgezerrt haben, die einst ausgebreitet unter seinen Eiswirkungen lagen. Oder ganze Erdteile könnten mit der Eisschrift auf dem Buckel in die Weite geschwommen sein, endlose Meere weiterhin zwischen sich und den Pol setzend. Denken wir uns so doch noch einmal in die Wunder der Permeiszeit zurück! Teile von Südamerika, Kapland, Indien, Australien hätten einst einen eng verwachsenen Landblock gebildet, der damals dicht unter dem Südpol wurzelte und dessen Eisschrift empfing. Später aber wäre er gänzlich voneinander geschaukelt wie ein berstender wirklicher Eisberg, — ein Stück wäre bis ans heutige Südamerika geschwommen, eins in Australiens gegenwärtige Lage, eins wäre von Afrika zu sich gerafft und eins gar durch die kolossale Landeinziehung bei Gelegenheit der Himalajafaltung bis in die Breite des heutigen Indiens geholt worden, überall an diesen fernen Stellen aber läsen wir vom mitgebrachten Gestein noch die Schrift des Eispols. Ich sage nicht, dass es ohne Weiteres so war, aber verstehen könnte man, dass es auch so einmal hätte werden können. Penck selber, der große Kenner der südlichen Eiszeiten, hat der örtlichen Schollenverschiebung im Indischen Ozean den Rang einer brauchbaren Arbeitshypothese zuerkannt. Und so meinte denn auch Simroth, wenigstens die indischen Gletscherspuren, die ihm so gar nicht in seine Pendulation passen wollten, mit solcher wegenerschen Zerrung aus dem Hauptspiel herausdrängeln zu können.

Wir aber mögen hier wieder die Grenze sehen, wo für unsern Zweck auch diese Theorien ungefähr abgeschritten sind. Man beherrscht die neue Fragestellung, merkt aber, wie auch sie noch nicht ohne Weiteres löst, sondern ein Heer neuer Vermutungen herauszaubern muss, die alle ihr Glück, aber auch alle ihre Bedenken haben, hinter den Pendulationen des Erdkolosses erscheint nach wie vor das Pendeln der Gedanken, hinter der sich drehenden Kruste und den schwimmenden Erdteilen das Schwimmen und Drehen vermeintlicher und echter Beweisstücke. Gern aber, wie beim Kampf um den wirklichen Nord- oder Südpol, folgt man den tapferen Männern, die, jeder in seiner Art, sich durch den Wust der Widersprüche gekämpft.

So reich und unterhaltend diese Theorien wieder sind: Man fühlt doch, dass der Gedanke sich auch vor ihnen noch einmal auf die Wanderschaft begeben konnte. Allerdings jetzt mit immer mehr verengtem Kreis. Man kann die letzten kosmisch-astronomischen Ideen, die an dem Pol hingen, auch noch über Bord werfen und bleibt dann ganz bei der Erde, wie sie heute schwebt, wandelt und sich dreht. In allen Zeiten ihrer Geschichte, wenigstens soweit Leben und Eiszeiten infrage kommen, lässt man sie so schweben, wandeln und sich drehen, genau wie heute. Und fragt bloß, ob nun irdisch-geologische Gründe auf ihr selbst zu Eiszeiten geführt haben könnten. Fluch von Theorien gilt ja manchmal das Alte: „Bleibe im Lande und nähre dich redlich." Lyell, von dem ich vorhin sprach, hat seinerzeit mit höchstem Erfolg gelehrt, man solle auch bei den scheinbar wunderbarsten Begebenheiten der Vergangenheit naturgeschichtlich möglichst eine schlicht dem Heutigen entsprechende Ursache voraussetzen, ehe man durch alle Himmel und zu weltumstürzenden Wandlungen schweife, heute noch begibt sich bei uns mancherlei, das doch im Kleinen mächtig. Der Tropfen höhlt den Stein, in Jahrtausenden verwittert der Fels, versandet eine Bucht, hebt sich leise die Küste; auf geologische Zeiträume erstreckt, kann das aber auch Ungeheures vielleicht erklären, vor dem man zuerst fassungslos stand. Ob nun mit solchen einfach irdischen Mitteln auch die ganze Eiszeit zu packen wäre ...?

Weitere Theorien

Schon bei jenen kühnsten kosmischen Deutungen sahen wir gelegentlich einzelne Hilfserklärungen gleichsam kleine Anleihen hierüber machen. Das kosmisch bedingte diluviale Eis sollte immerhin verstärkt worden sein durch Ausbleiben warmer Strömungen. Oder die Gebirge Skandinaviens sollten höher geragt und so bessere Ausgangspunkte weitreichender Vereisung geboten haben. Das Eis, einmal gegeben, sollte selber das Wetter verschlechtert haben, das nun fortzeugend wie der Fluch der bösen Tat neues Eis aus sich gebären musste, wenn aber diese Hilfen allein schon gelangt hätten?

Hier ist zunächst ein Kreis ganz „zahmer" Theorien entsprungen. Sie versteifen sich besonders auf jene besagten paar Grad Kälte mehr, die es zu dem ganzen Diluvialeis bloß gebraucht hätte. Ob man diese lumpigen sechs Grad oder noch nicht einmal so viel nicht tatsächlich im Sinne Lyells aus einer ganz kleinen örtlichen Änderung gegen heute erzielen könnte?

EISZEIT UND KLIMAWANDEL

Wenn man eine Karte unserer gegenwärtigen Meeresströmungen zur Hand nimmt, so gewahrt man im oberen Teil des Atlantischen Ozeans ein wunderbares System sich gegenseitig bekämpfender Warm- und Kaltwasserleitungen. Die großen tropischen Äquatorialströmungen, nach dem Erdgesetz der Passatwinde westlich gedrängt, stauen sich an den Antillen und in dem Mexikosack vor der mittelamerikanischen Landbrücke und ergießen ihre abgelenkten Heizwasser als wärmenden Golfstrom hoch hinauf bis gegen die Westküsten Nordeuropas. Umgekehrt strömt es eisig kalt im Labradorstrom aus der Davisstraße und an Ostgrönland vorbei gegen Nordamerika zu. Heute überwiegt in dieser seltsamen Kanalisation, die den freien Ozean noch einmal wie mit ungeheuren Flussadern von besonderer Temperatur durchsetzt, für uns die wärmere Leitung. Aber man braucht nicht die Pole zu verlegen und die ganze Erde hin- und herpendeln zu lassen, wenn man sieht, dass schon ganz geringe Landverschiebungen, wie sie jede Geologie annimmt, an diesem natürlichen Heizsystem gründlich rütteln könnten, wenn die Landenge von Panama aufbräche, stürzten jene tropischen Äquatorialfluten in den Stillen Ozean ab und der ganze Golfstrom hörte auf zu bestehen. In der älteren Tertiärzeit hat solches Tor fern da unten wirklich einmal bestanden, während es freilich im Diluvium selbst längst verrammelt war. Aber bis in dieses Diluvium hinein ragte wohl noch eine mehr oder minder schmale Landbrücke, die Europa von Schottland über die

Färöer und Island an Grönland schloss. Auch dann muss der Golfstrom seinen Hauptberuf verfehlt haben, er konnte mit seinen Ausläufern nicht nach Norwegen durch, — umgekehrt aber würde ein Teil der eisigen Grönlandwasser sich hinter jener Atlantisbrücke sehr zu unsern Ungunsten gestaut haben. Erfolg musste sein, dass an die skandinavischen Küsten immer wachsendes Polareis trieb, bis sich die Gebirge dort, ins Mark erkältet, mit Gletschern bedeckten, wie Grönland selbst.

Wenn man aber zugleich wieder an die nicht auszusagenden Schuttmengen denkt, die dieses Skandinavien ebenso wie unsere Alpen während der Diluvialzeit selber ausgestreut und also verloren hat, so wird man abermals auch ohne Pendulationstheorie denken müssen, dass die Gebirgskämme dort anfangs überall noch ein Stück höher gelegen haben, gekrönt von dem festen Stein, der danach als zerbrochene Schuttflut ihren Flanken entrann. Für Skandinavien ist auch immer wieder erwogen worden, ob es nicht eben durch die beispiellose Last von über zwei Kilometern Eisdicke selbst erst gleichsam tiefer untergetaucht, also im Ganzen gesenkt worden sei. Auf jeden Zoll muss aber diese höhere Lage ihrerseits zunächst die „Vergrönlandung" unterstützt haben, war aber einmal ein skandinavisches Grönland geschaffen, so musste das wieder die bedeutsamsten Folgen für ganz Europa haben.

EISZEIT UND KLIMAWANDEL

Das wirkliche Grönland bricht heute gegen die unabsehbar offene See mit ihrer geheimen Warmwasserheizung ab. Vor dem skandinavischen Grönland lag dagegen schutzlos das übrige Europa, in dessen Ebenen das Eis wie an einer schrägen Rutschfläche weithin einsinken konnte. Über dem wachsenden Eisfeld aber mussten sich bestimmte meteorologische, die auflagernde Luft und ihre Schichtung und Bewegung betreffende Verhältnisse geltend machen. Das Inlandeis musste eine kolossale Abkühlung der Luft über sich schaffen, die sich im Sommer wie Winter als eine dauernde „Antizyklone", wie der Meteorologe das nennt (Gebiet mit hohem Luftdruck im Innern), äußerte. Die tauenden Winde wurden abgehalten, die ganze Luftdruck- und Luftströmungslage Europas gegen heute auf den Kopf gestellt, — alles aber so, dass (der Gedanke tauchte bereits bei Croll auf) der Eiszustand sich selber tatsächlich immer neu regeln und weitererzeugen musste. Gleichzeitig erhöhten die verlagerten schwachen Luftdruckzonen im südlicheren Europa die Niederschläge, es gab Regenzeiten und auf den Gebirgen auch dort mehr Schnee und anwachsende Vergletscherung, wie sie die riesigen Moränen (Schuttreste) der diluvialen Alpengletscher noch jetzt so anschaulich vor Augen stellen.

Ich fasse auch hier wieder verschiedene Einzeltheorien in ein möglichst einheitliches Bild zusammen. Im Engeren findet man die Golfstromidee u. a. bei dem kenntnisreichen Kölner Astronomen Hermann J. Klein entwickelt, dessen

Wetterwarte auf dem Dach der „Kölnischen Zeitung" mir persönlich noch zu den lebhaftesten Jugenderinnerungen gehört und dem man mit atemloser Spannung einst bei seinen wunderbaren Nachrichten von Veränderungen auf dem scheinbar grabesstarren Mond folgte, während die meteorologischen und sonstigen Folgerungen am klarsten von Geinitz, zweifellos einem der allerbesten Kenner unserer europäischen Eiszeitspuren, auch zusammengefasst von M. Semper gegeben worden sind. Nach allem Gesagten wird der Leser aber die Achillesferse auch dieses „bescheidenen" Gedankengangs herausfühlen. Es stimmt alles verblüffend einfach, wenn man eben bloß bei Europa bleibt. Nordamerika fordert schon eine eigene unabhängige „Lokaltheorie". Alles Weitere aber wird überhaupt nicht erklärt. Nicht die äquatorialen Pluvialzeiten, nicht die Meyersche Mehrvergletscherung am Kilimandscharo und in Ecuador, nicht die Bipolarität. Das Rätsel der tertiären Wärme und die Lichtfrage werden gar nicht angeschnitten, die permische Eiszeit müsste wieder auf einem neuen Lokalzufall von damals beruhen. Nicht einmal die wärmeren Interglazialzeiten finden eine Stelle, wie denn charakteristischerweise grade Geinitz auch ihr hartnäckigster Leugner geblieben ist. So sieht man, falls nicht noch überraschende neue Einfälle hinzukommen sollten, die „Bescheidenheit" zur „Armut" werden.

In gewissem Sinne wird es allerdings immer von Wert sein, diese reine Lokaldeutung bis in ihre letzten Möglichkeiten durchzudenken, denn sie wird stets eine Hilfstheorie „nebenher" sein, wir sahen das schon bei Croll und sonst, aber es wird auf jede Erklärung, sei sie, wie sie sei, zutreffen. Auch wenn die Eiszeiten im Ganzen eine noch so besondere Ursache für sich hatten, müssen doch örtliche geografische Ursachen, müssen engere, in der meteorologischen Lage begründete Dinge hineingewirkt haben. Man denke an das Bild irgendeiner kleineren Naturkatastrophe, etwa einer Überschwemmung, von heute. Ihr eigentlicher Anlass mag in höheren Gewalten liegen: ihre örtliche Bahn wird sich doch nach gegebenen Flussnetzen richten, wird sich stauen vor einem in den Weg gestellten Gebirge, wird schlimmer oder leichter werden, je nach der Unterstützung oder Hemmung durch den Fleck, wo sie spielt. Der genius loci gleichsam, wie man im Altertum sagte, der Geist des Orts, wird seine Hand dabei haben. Ob eine warme Meeresströmung noch obendrein fehlte, als es im Norden kälter wurde, oder ob zu einer im Ganzen wärmeren Zeit auch noch (wie im zerstückelten Europa älterer Erdalter) ein ausgesprochen milderes Inselklima trat, das kann nie ganz belanglos gewesen sein und so auch nicht eine Forschung, die hierauf Gewicht legt. Gleichwohl versteht man, wie es locken müsste, auch rein irdisch und im Sinne Lyells doch noch wieder eine universalere Theorie aufzustellen, die auch reicheren Ansprüchen genügte. Der Charakterkopf, der hier auftaucht, gehörte zu den führenden Geistern neuzeitlicher Naturforschung. Sein entscheidender Gedanke aber reicht mit einer Vorgeschichte wieder im 19. Jahrhundert zurück.

Die Rolle der Kohlensäure CO_2

Jede Wissenschaft hat gelegentlich ihr Märchen, das sich vorübergehend in sie einschmuggelt, wir sind bei unserem eigenen Stoff ja wohl schon durch mehrere Vorspiele gegangen. Ein solches Märchen war aber in der neueren Geologie die ungeheure Kohlensäuremenge der Steinkohlenzeit. Man sah die mächtigen Kohlenflöze, durch Pflanzen zu Stein gebunden. All der Kohlenstoff müsste doch einmal in der Luft gewesen sein, aus der ihn die Wälder von damals erst langsam herausgefressen hatten. So kam die Legende von einer dicken Urwolke von Kohlensäure, die anfangs um die Erde gelagert habe, bis Pflanzenarbeit die Luft so weit reinigte, dass höhere Wesen atmen konnten. Das wilde Bild wurde gewohnheitsmäßig mit einer dauernden Bodenheizung und einer dieser Wärme verdankten Wasserdampfwolke verknüpft, auch sie so dick, dass die Sonne nur als rötlicher Fleck darin stand und im ewigen Dämmer bloß lichtscheues Tiervolk, Molche, Termiten und Kakerlaken ihr Wesen treiben konnten. In all diesen Ausschmückungen handelte es sich aber tatsächlich um ein Märchen, und es schien leicht, das zu beweisen. Neumayr hat in den 1880er Jahren von geologischem Ideenschutt gesprochen, der da wieder abgeräumt werden müsse. Das Unhaltbare der Bodenheizung haben wir schon besprochen. In dem kellerartig überdicken Dampfdämmer hätte kein Farnblatt grünen können. Und speziell die Kohlensäureschwängerung müsste in diesem fantastischen Umfang alle Kalkschichten der Meere von damals chemisch aufgelöst und die Tierschöpfung von vornherein unmöglich gemacht haben. Steinkohle aber konnte sich auch ohne das bilden. Noch heute ziehen Pflanzenleichen, Gesteinsverwitterung und organische Kalkbildung beständig eine Menge Kohlensäure aus der Luft, im gleichen Prozentverhältnis ersetzt sie sich indessen wieder aus den natürlichen Gasausströmungen, die jeden vulkanischen Ausbruch begleiten, abgesehen von geringeren Quellen, warum soll dieser einfache Wechsellauf nicht von je bestanden haben? Das Märchen schien für immer eingesargt, und doch sollte in ihm, wie so oft, noch eine sehr merkwürdige Anregung stecken.

Allgemein lenkte es ja den Blick auf etwas, das wir bei all unsern Eiszeitbetrachtungen bisher noch nicht erwogen haben, obwohl es geologisch auch stets mitgespielt haben muss: — nämlich die chemische Zusammensetzung unserer irdischen Lufthülle. Es ist rund jetzt zweihundert Jahre her, dass der Physiker Fourier über diese Lufthülle eine überraschende Lehre aufstellte. Pouillet und Tyndall haben sie nachher vervollkommnet. Ihr Sinn aber betraf ein Wärmeverhältnis. All unsere Erdwärme erhalten wir von der Sonne, wie wir sie indessen behalten, dazu spielt diese Lufthülle entscheidend mit. Sie wirkt nämlich wie die Scheibe eines Treibhauses. Gleich solcher lässt sie das helle

Die Rolle der Kohlensäure CO2

wärmende Sonnenlicht, das von oben einfällt, die „Helle Wärme" gleichsam, unbehindert bis zu ihrem Erdengrund durchströmen; wenn aber von der erwärmten Erde nun die „dunkle Wärme" wieder zurückströmen möchte, so wehrt sie dem Flüchtling den Pass, ganz genau wie die schützende Treibhausscheibe einer inneren Ofenheizung. Seltsam nun aber: diese Glasrolle der Luft, so unendlich segensreich für uns, hing selber wieder an ihrer chemischen Zusammenmischung. Zwei verhältnismäßig geringe Bestandteile in ihr stellten sie erst im engeren her: Nämlich eben der in ihr schwebende Wasserdampf und die Kohlensäure.

Unwillkürlich denkt man dabei doch noch einmal an das Märchen zurück. Gab es damals wirklich einen auch nur um weniges dickeren Kohlensäure- und Wasserdampfgehalt in der Luft, so hätte man die zweifelhafte Bodenheizung entbehren können. Das verdickte Glasfenster hielt dann allein schon so viel Sonnenwärme mehr zurück, dass die Erde sich darunter wie in einem Treibhaus erhitzen musste. Dabei hätte aber der Wasserdampf (den man ja überhaupt nicht zu dick machen durfte) schon als ein Ergebnis dieser Wärme selbst gelten können, und man käme auf die Kohlensäure als den Grundheizer. Mehr Kohlensäure damals, mehr Wärme ...

Es war im Jahre 1895 zu Pavia de Marchi, der hier die Frage aufwarf, ob in dem abgetanen Märchen nicht doch noch ein Kerngehalt gesteckt haben könnte. In der Erdgeschichte wechselten wärmere mit kälteren Perioden, wenn das nun bei völlig gleichbleibender astronomischer Erdstellung und Sonne doch irgendwie auf eine solche „Fensterfrage" unserer Erde gegenüber der Sonne hinausgelaufen wäre? Mit anderen Worten: ob sich nicht die Durchlässigkeit unserer Atmosphäre für Wärme periodisch im geologischen Lauf geändert haben könnte? De Marchi selbst ließ dabei offen, was der eigentliche Regulator gewesen sein sollte, hier aber zog jetzt ein viel Bedeutenderer die Folgerung: Svante Arrhenius erklärte bereits im nächsten Jahr (1896) in einer Abhandlung des englischen Philosophischen Magazins die Kohlensäure unmittelbar für den geologischen Proteus, dessen Verwandlungen den ganzen Klimawechsel der Vergangenheit von den ältesten Tagen an bedingt hätten.

Svante Arrhenius, nicht zu verwechseln mit dem gleichnamigen schwedischen Botaniker von Ruf, ist geboren am 19. Februar 1859 zu Wijk bei Upsala, hat aber in seinem Bildungsgang eine vollgültige deutsche Schulung für sein Spezialfach, die Elektrochemie, genossen. In reifen Jahren noch zu immer umfassenderen Fragen der Weltphysik vorgeschritten, hat er bis in weiteste Kreise Aufsehen gemacht durch seinen großzügigen Versuch, den Kant-Laplaceschen Gedanken durch ein vertiefteres „Werden der Welten" zu ersetzen. Über den wunderbaren Druck, den, entgegengesetzt zur Schwere, der Lichtstrahl selber ausübt und durch den sich der Stoff in die fernsten Abgründe des Raumes vertreibt; über die Unsterblichkeit des Lebens in diesem Raum; über die ewige Selbstwiedererweckung des Alls gegenüber dem arbeitslähmenden Weltentod durch Wärmeausgleichung (Entropie) und wie viel Anderes mehr hat er, auch vom Gegner bewundert, eine funkelnde Fülle genialer Gedanken ausgestreut. Man durfte auf jeden Fall eine große Anregung erwarten, als grade dieser reiche Geist sich auch an die Eiszeitfrage zu rühren vermaß.

Das Märchen klingt auch bei Arrhenius nur eben an. Im Uranfang hat es wohl wirklich noch etwas mehr Kohlensäure gegeben, die dann langsam erst abgebaut wurde, aber hier liegt nicht das Entscheidende. Von gewisser früher Zeit an hat das Wechselverhältnis von Kohlensäureverbrauch und Kohlensäureersatz jedenfalls auch geologisch bereits gewaltet, ohne dass mehr da war, als auch die Tiere vertragen konnten. Gleichwohl ist der Ausgleich noch gewissen Schwankungen in den geologischen Epochen unterlegen gewesen. Zuzeiten war etwas mehr erzeugt worden, als gleich verbraucht werden konnte, zu andern hatte die Nachfrage die Produktion übertroffen. Je nachdem aber hatte sich das atmosphärische Treibhausfenster mehr geschlossen oder aufgetan. Erfolg: die Gesamttemperatur der sonnenbestrahlten Erdoberfläche war dort etwas herauf-, hier etwas heruntergegangen. Dort wärmere Zeit (z. B. Tertiär), hier kühlere (Perm oder Diluvium). Unzweideutig: Man stand vor einer neuen Eiszeittheorie. Einer rein irdischen ohne jede astronomische Zutat. Aber einer ebenso unverkennbar universalen.

Svante Arrhenius, der Chemiker, überraschte dabei durch seine Einzelrechnungen. Keine Rede von den Überschwänglichkeiten des Märchens, und doch kleine Ziffern, die Räder der Weltgeschichte drehten. Nähme man alle Kohlensäure aus unserer Luft fort (sie beträgt bloß 0,03 Volumprozent darin), so würde die Temperatur der Erdoberfläche um etwa 21° sinken. Da infolge der so entstandenen größeren Kälte aber auch der freie Wasserdampf abnähme, der gleichen Wärmeschutz wie die Säure gewährt, käme die Erwärmung noch einmal um fast ebenso viel herunter. Man sieht auf den ersten Blick die ungeheure Abhängigkeit unserer wirklichen Sonnenheizung von dem Kohlensäurefenster. Soweit aber braucht man nicht entfernt zu gehen. Schon bei einer Teilsumme, die das organische Leben von sich aus noch keineswegs bedrohte, müsste ein Klimasturz von 5—6° C eintreten, also genug für eine diluviale Eiszeit, während umgekehrt ein gewisses Anwachsen tertiäre Wärme sicherte. Dort etwas schlechter geschlossenes Fenster, hier Ausnutzen des ganzen Scheibenschutzes. Die Folgen aber die bekannten riesigen: dort europäisches Binneneis, hier Kokospalmen in Deutschland. Mit nur etwas Schiebung in jenen 0,03 Volumprozent. Dass aber an sich kleine Schiebungen möglich sind, beweist schon die gegenwärtige Tätigkeit unserer Industrie, die in den letzten zweihundert Jahren merkbar hineingearbeitet haben muss. „Der

Kohlensäuregehalt der Luft ist so unbedeutend, dass die jährliche Kohlenverbrennung, die 1910 ungefähr 1100 Millionen Tonnen erreichte und rasch anwächst (sie betrug im Jahre 1860 140, 1890 510, 1894 550, 1899 690, 1904 890 und 1910 1100 Millionen Tonnen), der Atmosphäre etwa ein Sechshundertstel ihres Kohlensäuregehaltes zuführt. Obgleich das Meer durch die Absorption von Kohlensäure hierbei wie ein mächtiger Regulator wirkt, der ungefähr fünf Sechstel der produzierten Kohlensäure aufnimmt, so ist es doch ersichtlich, dass der so geringe Kohlensäuregehalt der Atmosphäre durch die Einwirkung der Industrie im Laufe von einigen Jahrhunderten merkbar verändert werden kann." Daraus ergibt sich, dass keine Stetigkeit im Kohlensäuregehalt besteht, sondern auch geologische Ungleichheiten wahrscheinlich sind. Fragt sich bloß, wer sie dort im natürlichen Hergang bewirkt haben konnte. Darüber aber kann nach dem oben Gesagten wieder kein Zweifel sein. Die nachhelfende Quelle der natürlichen Kohlensäure sind immerzu die Vulkane der Erde gewesen, besonders in den sogenannten Mofetten (man denke an den vergiftenden Hauch der berühmten Hundsgrotte bei Neapel) und den Kohlensäuerlingen, die den großen Ausbrüchen noch lange und zäh nachfolgten, hier waltet von je rastlos ein natürlicher Entgasungsvorgang der Innenerde selbst. Soll es also zeitweise zu einem Mehr gekommen sein, so muss ein periodisch verstärkter Vulkanismus als die Ursache gedacht werden.

EISZEIT UND KLIMAWANDEL

Wir haben früher schon einmal gesehen, wie der Vulkanismus leise anpochte bei den Eiszeitdeutungen. Hier erscheint er selbst als der Wärme-, nicht als der Kältezauberer, indem er Kohlensäure einblies und damit der Erde zeitweise bessere Treibhausfenster einsetzte. Aber ein nächstliegender Gedanke zeigt, dass er wenigstens indirekt auch wieder Kälteperioden einleiten möchte, die den wärmeren folgen mussten. Der Vulkanismus ist, wenn auch nicht die eigentliche Ursache, so doch vielfach der Vorbote neuer Gebirgsbildungen auf Erden, wo die Erdrinde sich zu neuen Bergfalten staut, da pflegen gewaltige Bodenverschiebungen vorauszugehen, an deren Bruchspalten die entlasteten Lavamassen der Tiefe aufbegehren. Neue Gebirgsbildung aber schafft für ihr Teil bald unendlichen Verwitterungsschutt, der im feuchten Klima umgekehrt jetzt reichlich Kohlensäure bindet. Im warmen Meer schreitet entsprechend die tierische und pflanzliche Kalkbildung mit ebensolcher Bindung rasch fort. Der Pflanzenwuchs aber nimmt einen ungeheuren Aufschwung, sich breitend in der feuchten Wärme und gemästet geradezu vom frisch erschlossenen Vulkan- und Verwitterungsboden wie von der vermehrten Luftkohlensäure selbst. Das alles versteinert gleichsam Säure, zieht sie wachsend wieder aus der Luft heraus, um sie erneut im Boden einzusargen. Aus dem eigenen Übermaß gräbt die Kohlensäurezeit sich selber ihr Grab. Lässt jetzt die vulkanische Quelle eine Weile nach, so öffnet sich das Fenster und ein allgemeines Sinken des Klimas wird unvermeidlich: Eiszeit. Bis abermals eine Periode von Vulkanismus das Spiel neu beginnt. So regelt eins das andere in ewigem geologischem Wechsel, warme und kalte Kapitel müssen sich unablässig folgen in dem verhängnisvollen Lauf der Erdgeschichte, — Zeiten rot von Lava, mit neuen blauen Bergen, mit unendlichem Pflanzengrün des Urwaldes und ragenden Korallenriffen, — und Zeiten des erdteilweiten Binneneises, der erloschenen Krater, der zerbröckelten Bergruinen, der kargen Moossteppe am Gletscherfuß.

Was Arrhenius als Chemiker nicht so vermochte, das hat ein anderer, Geologe von Beruf und begeisterter Anhänger zugleich der Idee, in den wirklichen Verlauf der geologischen Entwicklung hier Stufe für Stufe hineinzuzeichnen versucht, — Fritz Frech in Breslau, der verdiente Mitbearbeiter jener umfassenden Lethaea, den leider der verheerende erste Weltkrieg mitten aus der Arbeit dahingerafft.

Zweimal mindestens, meint Frech, zeige sich jener ganze Kreislauf wirklich aufs Anschaulichste geologisch entwickelt. Nachdem in den algonkisch-kambrischen Vortagen, wo wir zuerst von Eis hören, vielleicht schon einmal ein ganzer Zyklus abgelaufen, wachsen im Silur und Devon (also gegen die Steinkohlenzeit zu) die vulkanischen Ausbrüche, heute noch im Diabasgestein verewigt, wieder gewaltig an. Entsprechend steigert sich ständig das Klima: Es steht offenbar andauernd unter dem Treibhausglas. Eine gleichmäßige Wärme umspannt die Erde, von allen Zonengegensätzen frei ist die Tierwelt im Meer (Korallenbauten gehen bis gegen den Pol), die farnhafte Pflanzenwelt zu Lande gedehnt. Die Pole selbst sind frostlos, der Äquator doch nicht überheizt, da der Wasserdampf in Wolken- und Nebelgestalt, die allzu strenge Strahlung dort besänftigt, die allgemeine Klimabesserung kommt wesentlich den gemäßigten und kalten Zonen zugute. Gewiss steht der Kohlensäuregehalt auch so nicht bei den Märchenmaßen von 30 und mehr Prozent. Frech denkt an 8—9° Wärme mehr in der Nähe der Pole als vollauf genügend. Unter solchen guten Zeichen beginnt dann die Steinkohlenzeit selbst, in ihr aber schlagen die Dinge jetzt entscheidend um.

Einerseits nehmen die vulkanischen Ereignisse und damit die Zuschüsse aus dem großen Grundgasometer eine ganze Weile fast bis zum Erlöschen ab. Andrerseits ziehen Kohle- und Kalkbildung, vor allem aber die chemischen Verwitterungsvorgänge jetzt wirklich fortgesetzt und zunehmend ungeheure Kohlensäuremengen aus dem Luftbestand heraus. Durchaus im Sinne der Theorie setzt diesmal eine riesige Gebirgsbildung ein. „In der Mitte der Karbonzeit (Steinkohlenzeit) entstanden im mittleren und westlichen Europa ausgedehnte Hochgebirge, und der Aufwölbung folgte eine verhältnismäßig rasche Erniedrigung dieser mitteleuropäischen Alpen. Hand in Hand mit der Abtragung durch Wildbäche, Bergstürze und fließendes Wasser geht die chemische Umwandlung der massenhaft von den Höhen in die Niederungen verfrachteten Gesteine, deren Hauptbestandteil Kieselsäureverbindungen (Silikate) bildeten. Das feuchte Klima bedingt eine rasche Karbonatisierung (d. h. eine Verdrängung der Kieselsäure durch Kohlensäure) dieser kieselsauren Verbindungen und somit in Kombination mit Kalk- und Kohlenbildung einen Verbrauch an Kohlensäure, wie er wohl selten in der Erdgeschichte stattgefunden hat." Dabei erstreckte sich die Gebirgsbildung nicht, wie die Worte glauben lassen könnten, bloß auf Europa: An jenes variskische Gebirge, das alpenhaft von den Sudeten bis Südfrankreich durch ganz Mitteleuropa zog, schloss sich im sogenannten armorikanischen eine Kette, die über eine Atlantis bis Nordamerika reichte, und so fort.

Folgerichtig aber sehen wir nun um die Wende zur Permzeit Kälte sich anmelden. Die permische Eiszeit erfolgt, — genau am rechten Ziel. Die Kohlensäure ist hochgradig erschöpft, das Fenster klafft, die Wärme strömt, alles weithin erkältend, unbehindert ab. Bis endlich die Vulkanschlote neu zu arbeiten beginnen und von unten herauf abermals Gas blasen, unter dessen neuem Treibhausschutz sich jetzt die großen Scheusale der Drachenzeit im Mittelalter der Erdgeschichte wieder wohlig fühlen können wie die Krokodile hinter den Scheiben unserer geheizten Aquarienbecken. Bereits im Perm selbst (in der Epoche des sogenannten mittleren Rotliegenden) fanden auf der Nordhemisphäre gewaltige Neuausbrüche statt. Riesenheruptionen der Trias- und Juratage (neuerlich immer deutlicher geworden) vervollständigten dann besonders in Amerika das Werk. Jedenfalls blühte gegen den Jura zu wieder das Paradies bis zum Pol. Der Ausgang dieser warmen Mittelepoche bleibt allerdings etwas undeutlich. In die Kreidezeit hinein machen sich Zonenunterschiede geltend, als ginge das Klima erneut rückwärts. Das Aussterben der Drachen mag damit zusammenhängen. Doch ehe es auch diesmal zu einer Eiszeit kommt (die Gebirgsbildung fehlt hier in der Kette), qualmen bereits wieder frische Massenausbrüche empor, wie die kolossalen Basalte des indischen Dekhan, die den Luftgehalt offenbar genügend angereichert haben. Und jetzt folgt im Tertiär der zweite ganz reine Beweiszyklus.

Im ältesten Abschnitt, dem Eozän, Tropenpracht bis zu uns, im äußersten Nordamerika Sumpfzypressen. Im zweiten, dem Oligozän, abermals etwas Abstieg. Da platzen die bekannten enormen Basaltergüsse des Mitteltertiärs los, und unverzüglich stellt sich im Miozän noch einmal ein Abglanz wenigstens des Paradieses her. Indessen nicht auf lange. Diesmal ist nämlich wirklich wieder eine ganz große Gebirgsbildung Hand in Hand, deren Verwitterung nachhelfen kann. Die Alpen, die Kordilleren, der Himalaja heben sich und verwittern schon, derweil sie steigen. Alles ist also neu verbündet gegen die Kohlensäure, genau oder noch auffallender wie in der Steinkohlenzeit, und schon senkt sich auch im letzten Tertiär in reißendem Temperatursturz das Klima. Schluss: die diluviale Eiszeit, — das Fenster stand wieder weit offen. Der Vulkanismus hatte eine Weile wieder deutlich pausiert. Schon im Jungtertiär werden die Vulkanspuren dünn. Das Diluvium selbst aber ist für Frech ausgesprochenster Stillstand. „Zwei verschiedene Beobachtungsreihen, einerseits das Fehlen eruptiven Materials in Ablagerungen der Gletscher (den Moränen und Landen), andrerseits die landschaftlichen Formen der jüngeren Vulkanberge, führen zu demselben Schluss. Der bezeichnende Typus eines während der Eiszeit tätigen und gleichzeitig durch starke Schneeschmelze erniedrigten und abgetragenen Vulkanberges ist außerordentlich selten. Die zahlreichen geologisch jungen, aber nicht mehr tätigen Vulkane von bedeutender Höhe zeigen ganz vorwiegend steile Neigungswinkel und sind somit erst nach der Eiszeit gebildet. Bis sich jetzt auch da wieder etwas regt. Noch in geschichtlicher, ja jüngster Zeit hat der Vulkanismus unverkennbar erneut zugenommen. Die Gasfabrik arbeitet wieder. Und so leben wir auch schon in wärmere Tage hinein, das Treibhausfenster ist abermals geschlossen, und wer weiß, wann wir wieder Kokosnüsse am Rhein und Walnüsse in Spitzbergen ernten werden.

Unmöglich kann man die glänzenden Seiten auch dieser Theorie verkennen, die man nach dem Muster der Kant-Laplaceschen als die Arrhenius-Frechsche zu bezeichnen pflegt. (Ohne die Wagnisse der Astronomie, die am Globus rückt, gibt sie eine geologisch ganz große und einheitliche Linie, löst spielend die Kältezeiten wie die Warmzeiten, erfindet nicht Hilfshypothesen zum Zweck, sondern knüpft an wirkliche Periodizitäten, wie den Vulkanismus und die Gebirgsbildung, an. Grade durch Letzteres erweckt sie sogar die Hoffnung auf ein noch zu findendes tieferes Gesetz. Denn wenn es eines Tages glückte, für Vulkanismus und Gebirgsbildung eine tiefere Notwendigkeit — etwa in Perioden der sich zusammenziehenden Erde — zu entdecken, so wäre man auch mit ihr noch ein Stück weiter, wäre auch nur genau das Bild durchführbar, wie es Frech für Steinkohle und Tertiär aufgerollt, so würde geologisch alles Beste dessen erfüllt sein, was man eine Arbeitshypothese nennt, — also ein vorläufig einmal zugrunde zu legender Faden, der Erfolg verspricht. Noch mit dem Schwänzchen, dass aus dem Gedanken etwas Optimistisches lacht. Mögen uns Kulturleuten von heute noch so viel Vulkankatastrophen nach dem Muster von Pompeji oder Martinique zeitweise die Kreise verkehren: Eigentlich wäre es doch nur das nötige Zeichen dafür, dass die Natur uns schon wieder die große Treibhausscheibe einsetzt, die Berlin oder Stuttgart unter Palmen bringt, nachdem unsere Altvorderen Mammute jagen mussten. „Man hört," so sagt uns Arrhenius, „oft Klagen darüber, dass die in der Erde gehäuften Kohlenschätze von der heutigen Menschheit ohne Gedanken an die Zukunft verbraucht werden; und man erschrickt bei den furchtbaren Verwüstungen an Leben und Eigentum, die den heftigen vulkanischen Ausbrüchen in unserer Zeit folgen. Doch kann es vielleicht zum Trost gereichen, dass es hier, wie so oft, keinen Schaden gibt, der nicht auch sein Gutes hat. Durch Einwirkung des erhöhten Kohlensäuregehaltes der Luft hoffen wir uns allmählich Zeiten mit gleichmäßigeren und besseren klimatischen Verhältnissen zu nähern, besonders in den kälteren Teilen der Erde; Zeiten, da die Erde um das Vielfache erhöhte Ernten zu tragen vermag zum Nutzen des rasch anwachsenden Menschengeschlechtes."

Erst wenn man sich von einer gewissen Sturzwelle der Überraschung wieder freigemacht, wird man dafür zugänglich, dass auch diese geistvolle Idee nicht Altes löst, also einstweilen auch noch stark der Kritik unterliegen muss.

Es ist ihr Zauber, dass sie von einem höchst scharfsinnigen Chemiker ersonnen und einem kundigen Geologen auf die Tatsachen angewendet worden ist. Aber gerade so muss sie sich auch den Doppelangriff von Chemikern und Geologen gefallen lassen. Auf der einen Seite ist Arrhenius' engere Kohlensäurerechnung angezweifelt worden. Eine sehr beträchtliche Abnahme der Kohlensäure könne zwar das Klima gegen heute etwas herabsetzen, niemals aber könne eine Zunahme es bei uns tropisch machen. Denn jene Wärme erhaltende Kraft der Kohlensäure habe ihr bestimmtes Maß, wo sie alle verfügbaren Strahlen zurückhalte. Das aber sei bei dem heutigen Zustand schon überreichlich erfüllt. Für ein Mehr seien gar keine Strahlen da. So könne auch noch so viel Kohlensäure mehr nichts weiter nützen: Das Treibhausfenster, bei heutiger Dicke vollkommen, sei mit noch so viel Zusatz an Dicke nicht aufzubessern, sondern leiste nur grade ebenso viel. Wenn das wahr wäre, fiele mindestens der universale, Tropentage wie Eiszeiten bei uns gleichmäßig gut erklärende Zug dieser Theorie dahin. Es muss aber gesagt werden, dass die Debatte schwebt und Arrhenius seine Rechnung im ganzen Umfang aufrechterhalten hat.

Geologisch gilt wohl als das schwerste Bedenken, dass jene parallele Periodizität des Vulkanismus nicht in dem Maße stimme. Die Eruptionen sollen viel regelloser durch die geologischen Zeiten verteilt sein, nicht immer bloß mit den warmen gehen. Oder sie sollen sich trotz Frech gerade gegen die kalten häufen. Da müssten am Ende gleich die Eiszeiten selbst an den Eruptionen liegen. Und man ist auch dazu mit Gegentheorien nicht müßig gewesen, die nun Arrhenius- Frech im eigenen Feld zu schlagen suchten, indem sie auch von dem Vulkanismus ausgingen, aber wieder umgekehrt schlossen. Ich habe schon einmal die gelegentliche Idee der Vettern Sarasin erwähnt, dass der Vulkanismus zeitweise mit seinem krakatauhaften Aschenstaub die Sonne abgeblendet und das Klima kühl gemacht haben könnte. Aber die großen Vulkanexplosionen treiben alle Male auch kolossale Säulen von Wasserdampf in die Luft. Für Arrhenius würde das nur die Wärme noch steigern. In solcher kühlen Zeit aber sollte es zu Pluvialperioden und Schneezeiten geführt haben. Eine schon ältere

Die Rolle der Kohlensäure CO_2

Theorie meinte sogar mit solchem Vulkandampf allein, der an himmelhohen Gebirgen zu Gletschereis wurde, zur Eiszeit zu kommen, und der Gedanke hat wenigstens als Hilfshypothese immer wieder gefesselt. Im Ganzen nähert man sich hier offenbar wieder dem Meister Hildebrandt, bloß ohne Kosmisches. Ich will nun nicht behaupten, dass diese Gegentheorien an sich überzeugender wären. Aber man sieht wieder auf die leise Gefahr der Idee, die aus ungefähr gleichen Voraussetzungen noch die extrem gegensätzlichsten Schlüsse zaubert. Der ganze „Vulkanismus in der Geologie" ist eben doch noch nicht so geklärt, wie Frech sich dachte.

Gar keine Deutung gibt aber Frech jedenfalls für die immergrünen Wälder innerhalb der langen Polarnacht, — wie will er sie auch mit ein paar Grad besser erhaltener Sonnenwärme mehr über die Schauer der ganz sonnenlosen Monate bringen; hier scheint mir noch ein grundlegender Einwurf zu stecken. Und erklärt wird ebenso wenig das Rätsel in der geografischen Lage der Permvereisung, — gingen ihre Gletscher eines allgemeinen Klimasturzes wegen wirklich über den Äquator, so hätte damals wohl die ganze Erde unter Eis liegen müssen. Andrerseits wäre es allerdings schon ein Gewinn, wenn auch nur die geologische Reihenfolge, wie Frech sie so anschaulich zu machen wusste, ungefähr zu Recht bestände. Man könnte dann fragen, ob nicht der eine oder andere Ursachenposten darin noch durch einen besseren bisher unbekannten ersetzt werden könnte, wenn auf starken Vulkanismus wirklich immer wärmere Zeiten und auf lebhaften Pflanzenwuchs und große Gebirgsverwitterung immer Kälte gefolgt wäre, so könnten wir hier einer entscheidenden Sache auf der Spur sein, auch wenn selbst der von Arrhenius eingefügte hypothetische Faktor der Kohlensäure als solcher nicht stimmte. Oder es könnte sogar in der Reihenfolge selbst noch verschoben und gebessert wenden: immer noch sähen wir eine große Linie, wem also die astronomischen Fragen zu weit und die Polschiebungen zu verwegen sind und wer gleichwohl eine umfassende geologische Schau möchte, der wird doch wohl irgendwie hier das Schifflein seiner Eiszeitgedanken anketten müssen.

Zukunftshoffnung

Wobei ich noch ein Wort zu der Zukunftshoffnung sagen möchte. Im Ganzen klingt hier ja wieder etwas von jenem „Unmittelbaren" aller Wetterphilosophie durch, wird das Klima besser werden, unsern Enkeln reichere Ernten schenken? Wir haben gesehen, wie die verschiedenen Eiszeittheorien hier ganz verschiedene Antworten geben. Bei Reibisch pendeln wir Europäer bereits seit Jahrtausenden wieder äquatorwärts, während allerdings den Nordamerikanern der Boden unter den Füßen tückisch zum Pol läuft. Bei Dubais stecken wir dagegen alle miteinander bloß in einer verdächtigen Interglazialzeit, an deren Ende uns recht jämmerlich wieder der Eisriese holen könnte. Ich denke nun, wenn man im Allgemeinen, auch unangekränkelt von ein-

Zukunftshoffnung

zelner Theorie, auf die Erdgeschichte zurückschaut, sieht, wie dort eine schier unabsehbare Folge der Jahrmillionen eine stärkere Wärme hat, nur durchbrochen von wenigen und kurzen Eiszeiten, — so wird man für wahrscheinlicher halten, dass auch wir, die eben aus solcher Eiszeit kommen, abermals auf „wärmer" losmarschieren. Es hat etwas Anschauliches in diesem Sinne, dass unsere gegenwärtigen weißen Polarkappen bloß noch gleichsam abnorme Überreste unserer letzten Eisperiode wären, die abklingen werden, wie die große südliche Pluvialperiode wohl noch geschichtlich vor unsern Augen abgeklungen ist. Dann gäbe es in der Zukunft wirklich einmal jene nordwestlichen Durchfahrten da oben, die man in Franklins Tagen so schmerzlich suchte und dann mit Eis verbarrikadiert fand. Und wer will eine Volkswirtschaft ausdenken, die ohne die Schäden der Tropen ihren Segen bei uns erntete?

Aber zu alldem muss eines unabänderlich gesetzt werden, das auch auf Arrhenius im ganzen Umfang zutrifft. Man darf sich, auch wenn solche Dinge wahr sind, nicht dem Glauben an eine unmittelbare Nähe hingeben. Das Neuheranrücken solcher Klimaperioden geht mit geologischem Maß, und das ist, an kleinem Menschenmaß gemessen, ungeheuer. Vom Ausgang der diluvialen Eiszeit trennen uns vielleicht erst 30.000 Jahre, — bis zum echten Tropentertiär zurück aber sind's sicher über zwei Millionen. Danach mag man sich die Wiederkehr, ausrechnen. Es scheint gesorgt, dass wir noch etwas

Spielraum zur Vorbereitung auf die neuen Palmen haben. Inzwischen dürften wir noch durch zahllose Ketten kleinerer Klimaschwankungen gehen, wie sie die Brücknersche und vielleicht einige noch etwas längere ausdrücken. Wenn ein denkender Beobachter (Wilhelm Schuster), dem kleine Anzeichen von nordwärts gerichteten Tierwanderungen in unsern Tagen auffielen, das Wort von einer „neuen Tertiärzeit" geprägt hat, so dürfte das auch nicht so wörtlich zu verstehen sein, sondern mehr mit Bezug auf solche wärmere Zwischenschwankung, die von dem feinen „inneren Thermometer" der Tiere schon vorgefühlt würde, ehe wir sie beachteten. Und vielleicht ist es ein besserer Maßstab für die wirkliche Dauer jener großen Dinge, wenn man sich sagt, dass Deutschland vielleicht nicht eher wieder Kokos und Brotfrucht ernten wird, als bis die heutigen Alpen, Körnchen um Körnchen abgetragen, wieder im Meer liegen. Immer vorausgesetzt, dass die Sache selber stimmt!

Im Wesentlichen aber erscheint damit der Kreis der gesamten zurzeit gangbarsten Eiszeittheorien erfüllt. Wir brauchen kein Ignorabimus (ewiges Nichtwissenkönnen) auszusprechen — es ist schon philosophisch faul, geschweige denn rein naturgeschichtlich —, um doch zu empfinden, dass Paris den Schönheitsapfel der Wahrheit noch an keine mit ganz gutem Gewissen vergeben kann.

Es gibt Leute, die den Wert der Wissenschaft davon abhängen lassen, ob sie schon alles gelöst habe, sodass jeder, der nur ein Buch zur Hand nimmt, in nervöser Blasiertheit mit allem fertig sein kann. Sie haben nie den eigentlichen Reiz und Zauber kennengelernt, der in der Wahrheitssuche liegt, — in dem Anteil an jenem ungeheuren unvollendeten Netz, an dem schon so viele Forschergeschlechter vor dir gewebt haben und noch so unzählige nach dir weben werden, und an dem du heute auch in Gedanken mitweben darfst, ebenso deine Person in die Arbeit der Jahrtausende mit ihrer wahren Geistesunsterblichkeit verflechtend. Andere wünschen jene Erfüllung, weil sie von den Ergebnissen der Forschung unmittelbare praktische Macht erwarten, neue Beherrschung der Naturkräfte zum größtmöglichen Nutzen bereits des Augenblicks. Auch zu diesen letzteren Problemen gehört aber die Eiszeit nicht, sie kann warten.

Blicken wir noch einmal auf Goethes Tage zurück, von denen wir ausgingen, so wird klar, wie jung die ganze Wissenschaft der Geologie in unserm heutigen Sinne noch ist, in der auch sie als eine einzelne, wenn auch überaus anziehende Frage hängt. Goethe, mit den größten Forschern seiner Zeit befreundet, erlebte in reifen Jahren noch den ersten tastenden, oft fehlgehenden Versuch, jene geologischen Schichten und Epochen, von denen wir jetzt im Verlauf so oft gesprochen: Jura, Kreide, Tertiär, Diluvium, notdürftig voneinander zu sondern und an gewissen Versteinerungen (Leitfossilien) wiederzuerkennen. Im Alter half er tätig mit bei der ersten Farbgebung einer geologischen Karte von Deutschland, er nahm lebhaftesten Anteil an der frühesten wirklich wissenschaftlichen Wiederherstellung eines ausgestorbenen Tieres, wie des Pterodaktylus oder des Megatherium. Er kämpfte noch mit, ob der Basalt ein feuriger Vulkanerguss oder ein Wassergebilde sei und ob diese Vulkane selbst bloß auf zufällig in Brand geratenen Kohlenflözen beruhen konnten. Im gleichen Jahr, da „Werthers Leiden" geschrieben wurden, stellte Kapitän Cook zum ersten Mal fest, dass auch der Südpol (bei dem man in Dantes Tagen noch den Eingang zur Hölle gesucht hatte) unter ewigem Eis lag gleich dem Pol des Nordens.

Es ist eine ungeheure Arbeit, die in diesen Dingen seither getan ist, man kann nicht noch mehr verlangen. Auch das Menschheitsgehirn hat ein gewisses geologisches Maß im Kleinen, das seine Bäche und Bahnen erst in einer gewissen Zeit tieft, seine Geistes-Körnchen eins ums andere zu Quadern häuft. In den noch nicht zweihundert Jahren seit Goethes Tod sind nach unsäglichen Mühen, Opfern und Entsagungen die beiden Polpunkte ganz oder doch ungefähr errungen worden. Auch das Problem der Eiszeit hat etwas von solcher geistigen Polarfahrt. Der Sucher darf sich nicht abschrecken lassen, wenn er selber zunächst noch einfriert, nicht von der Stelle kommt oder von loser Scholle ganz woanders hingetragen wird, als er wollte.

Was wissen wir heute über die Klimageschichte?

Die Klimageschichte dokumentiert Entwicklung, Schwankungen und Auswirkungen des irdischen Klimas sowohl in geologischen Zeiträumen als auch in den Epochen der jüngeren Vergangenheit. Je nach zeitlicher Perspektive werden dabei Klimaverläufe über wenige Jahrzehnte bis hin zu einigen Hundert Millionen Jahren analysiert. Die Wissenschaften zur Erforschung des Klimas sind die Paläoklimatologie und die historische Klimatologie. Letztere verzeichnet auch die verschiedenen Wetteranomalien in historischer Zeit, die unter anderem von heftigen vulkanischen Eruptionen hervorgerufen wurden.

Zuverlässige und instrumentell ermittelte Temperatur- und Klimadaten stehen auf breiterer Basis erst seit der zweiten Hälfte des 19. Jahrhunderts zur Verfügung. Informationen über frühere Zeiträume galten lange als relativ unsicher, können jedoch zunehmend besser und genauer belegt werden. Traditionell werden hierbei sogenannte Klimaproxys aus natürlichen Archiven wie Baumringe, Eisbohrkerne oder Pollen verwendet. Zusätzlich kommt in der Forschung ein breites Spektrum verschiedener Isotopenanalysen zum Einsatz, deren jüngste Entwicklungen eine bis vor Kurzem unerreichbare Messgenauigkeit ermöglichen. Die Klimageschichte ist auch für die Evolutionsgeschichte von Bedeutung.

WAS WISSEN WIR HEUTE ÜBER DIE KLIMAGESCHICHTE?

Klimaproxys und Messmethoden

Zur Rekonstruktion vergangener Klimazustände gibt es eine Reihe verschiedener Untersuchungsmethoden. Bereits im 19. Jahrhundert wurde anhand von geologischen Klimazeugen wie Trogtälern, Grundmoränen oder Gletscherschliffen eine lange während Eiszeit mit großräumigen Vergletscherungen (damals oft „Weltwinter" genannt) sowohl in Europa als auch auf anderen Kontinenten direkt nachgewiesen. Weitere Klimaarchive, mit denen frühere Warmzeiten belegt werden können, sind zum Beispiel Lage und Ausdehnung urzeitlicher Korallenriffe oder die Analyse bestimmter Sedimente und Sedimentgesteine, die unter tropischen Bedingungen entstanden sind.

Während die historische Klimatologie vielfach auf schriftliche Aufzeichnungen, historische Chroniken oder archäologische Artefakte zurückgreift, verwendet die Paläoklimatologie klassische Nachweisverfahren wie die Dendrochronologie (Baumringanalyse), die Palynologie (Pollenuntersuchungen), Tropfsteine sowie die Warvenchronologie (auch Bändertondatierung genannt), die sich auf die Auswertung von Ablagerungen in Still- und Fließgewässern stützt. Im Zuge fortgeschrittener technischer Möglichkeiten werden vermehrt Bohrkernproben aus der Tiefsee und den polaren Eisschilden untersucht. So wurde 2004 in der Antarktis ein Eisbohrkern mit einem Gesamtalter von 900.000 Jahren geborgen.

In den letzten Jahrzehnten kamen in der Paläoklimatologie zunehmend verschiedene Nachweismethoden mittels der Isotopenanalyse zum Einsatz. Ein seit Langem gebräuchliches Verfahren ist die Anwendung des Kohlenstoff-Isotops ^{14}C zur Altersbestimmung organischer Materialien. Allerdings deckt die ^{14}C-Methode nur einen relativ schmalen zeitlichen Bereich von 300 bis maximal 57.000 Jahren ab. Einen Zeitrahmen von mehreren Hundert Millionen Jahren umfasst hingegen die Temperaturbestimmung mithilfe der Sauerstoff-Isotope $^{18}O/^{16}O$, für die sich besonders fossile Korallen, Foraminiferen und Süßwassersedimente eignen. Für geologische und paläoklimatologische Untersuchungen bietet sich darüber hinaus eine Reihe von Beryllium-, Eisen-, Chrom- und Edelgas-Isotopen an. In letzter Zeit kommt die $^{40}Ar/^{39}Ar$-Datierung verstärkt zum Einsatz, da diese Methode auf der Grundlage des Edelgases Argon erheblich präzisere Ergebnisse als die herkömmliche Kalium-Argon-Datierung ermöglicht. Ebenfalls sehr genaue geochronologische Daten liefern Zirkonkristalle aufgrund der darin enthaltenen Spuren radioaktiver Nuklide.

Frühe Klimageschichte

Die Klimageschichte beginnt mit der Entstehung der Erde vor etwa 4,6 Milliarden Jahren. Im Anfangsstadium der Erde kurz nach der Entstehung betrug die bodennahe Temperatur etwa 180 °C. Die Abkühlung dauerte sehr lange, vor 4

Milliarden Jahren unterschritt die Temperatur das erste Mal die 100-°C-Grenze. Das Klima in dieser Zeit war daher nicht nur heiß, sondern auch sehr trocken. So gab es noch keine Meere, Niederschläge oder sonstiges flüssiges Wasser auf der Erde, und die Zusammensetzung der reduzierenden Uratmosphäre unterschied sich stark von der heutigen Erdatmosphäre. Ungeachtet der Umweltverhältnisse kam zu diesem Zeitpunkt die Chemische Evolution in Gang, bei der sich organische Moleküle bildeten, die als Bausteine der Entstehung von Leben unerlässlich waren.

Mit der fortschreitenden Abkühlung erreichte der Wasserdampf zum ersten Mal in der Geschichte der Erde seinen Kondensationspunkt, sodass sich flüssiges Wasser bilden konnte. Ohne dieses wären die Entstehung von Leben und die nachfolgende Biologische Evolution auf der Erde unmöglich gewesen.

Nachdem das erste Wasser kondensiert war, entstand allmählich der Wasserkreislauf und damit die Hydrosphäre.

Die ältesten Anzeichen für Ozeane auf unserer Erde sind in Gesteinen vorhanden, die inzwischen ein Alter von 3,2 Milliarden Jahren erreicht haben.

Vor 2,6 Milliarden Jahren bildete sich im Laufe der Entwicklung der Erdatmosphäre durch die Aktivität von Cyanobakterien der erste Sauerstoff in der Uratmosphäre und erreichte vor circa 2,2 Milliarden Jahren signifikante Konzentrationen.

Der Wasserdampf kondensierte größtenteils und wurde als Wasser in Meeren und Seen gebunden. Mit dem Wasserdampf verschwand auch ein großer Teil des Kohlendioxids aus der Atmosphäre. Das Kohlendioxid wurde durch die Cyanobakterien verbraucht, die es im Zuge der Fotosynthese als Kohlenstoffquelle nutzten. Der Kohlenstoff wurde dem normalen Kreislauf entzogen, weil die Cyanobakterien nicht von anderen Organismen verstoffwechselt wurden, sondern sich am Meeresboden absetzten, wo sie fein verteilt in den Sedimenten ablagerten oder im küstennahen, lichtdurchfluteten Flachwasserbereich als Stromatolithe fossilisierten. Erst dadurch war der Aufbau einer oxidierenden Sauerstoffatmosphäre möglich, wobei über einen langen Zeitraum keine wesentlichen Konzentrationssteigerungen auftraten, da der freigesetzte Sauerstoff zunächst nur Eisenverbindungen oxidierte. Dieses Eisenoxid resultierte in großen Ablagerungen sogenannter Bändererze, die als ergiebige Lagerstätten erhalten blieben und intensiv abgebaut werden. Die Sauerstoffkonzentration in der Atmosphäre stieg weiter an, sodass damit aerobes Leben auf der Erde möglich wurde. Die Veränderung der Konzentration der Klimagase und ihrer Zusammensetzung veränderte zudem den Strahlungshaushalt der Erde und brachte den Treibhauseffekt in Gang, der die Erde seitdem erwärmt.

WAS WISSEN WIR HEUTE ÜBER DIE KLIMAGESCHICHTE?

Dieser sehr frühe Teil der Klimageschichte wird in vier Teile aufgeteilt. Das Präkambrium beschreibt dabei den größten Zeitraum von etwa 3,8 bis 0,57 Milliarden Jahren. Er ist bisher noch relativ schlecht rekonstruierbar, weil die Gesteine aus dieser Zeit weitreichenden Veränderungen unterlagen, sodass es nur wenige Daten aus diesem Erdzeitalter gibt, die für die Rekonstruktion des Klimas verwendet werden können. Trotzdem ist der frühe Teil der Klimageschichte besonders interessant, da in ihm die ersten Eiszeitalter lagen. Das erste von ihnen liegt etwa 2,3 Milliarden Jahre zurück. Etwa ab dem Ende des Präkambriums ist es heute möglich, das Klima genügend zu rekonstruieren und zu verstehen. Dieses gelingt vor allem durch die Analyse von Sedimenten.

Methanhypothese

Am Beginn der Erdgeschichte betrug die Leuchtkraft der Sonne nur 70 Prozent des heutigen Wertes. Das hätte nicht ausgereicht, um eine globale Vereisung zu verhindern. Geologische Hinweise sprechen im Gegensatz dazu eher für eine höhere Erdtemperatur als im Mittel der letzten 100.000 Jahre. Dieser Widerspruch wird das Paradoxon der schwachen jungen Sonne genannt.

Zur Erklärung der Erwärmung wird in der Wissenschaft der atmosphärische Treibhauseffekt diskutiert:

- Ammoniak ist zwar eines der effektivsten

Treibhausgase, es wird aber in der Atmosphäre schnell durch UV-Strahlen zerstört, die vor 2,3 Milliarden Jahren aufgrund einer fehlenden Ozonschicht ungehindert die Erdoberfläche erreichen konnten.

- Kohlenstoffdioxid - ebenfalls ein Treibhausgas - gelangte durch den Vulkanismus in die Erdatmosphäre. In Abwesenheit von Sauerstoff reagiert CO_2 mit Eisenoxid zu Siderit (Eisen(II)-carbonat). Diese Reaktion würde bei einer Konzentration von 3040 ml/m^3 einsetzen. In 2,8 bis 2,2 Milliarden Jahre alten Gesteinsschichten ist jedoch kein Siderit zu finden. Somit muss die CO_2-Konzentration damals relativ niedrig gewesen sein und hätte darum eine globale Vereisung nicht verhindern können.

- Die favorisierte Methanhypothese besagt, dass im Zeitraum vor 2,3 Milliarden Jahren (Beginn der Sauerstoff bildenden Photosynthese) das Treibhausgas Methan die notwendige Erwärmung verursachte, gebildet durch anaerobe Archaebakterien.

Ohne eine oxidierende Erdatmosphäre, die Methan zu Kohlenstoffdioxid und Kohlenstoffmonoxid verwandeln würde, könnte die Verweildauer des Methans in der Erdatmosphäre 10.000 Jahre betragen, während sie heute in etwa bei 10 Jahren liegt. Viele Methanbildner benötigen Wasserstoffgas und CO_2, die von Vulkanen ausgestoßen werden, zum Aufbau ihrer Strukturen und als Energiequelle. Diese Organismen bevorzugen heute eine Umgebungstemperatur von über 40 °C. Je wärmer die Erde durch das Treibhausgas Methan wurde, umso besser konnten sie sich vermehren, und umso mehr Methan wurde gebildet, sodass die globale Erwärmung Werte hätte erreichen müssen, bei denen höheres Leben nicht möglich gewesen wäre. Da Methan durch Sonnenlicht zu längerkettigen Kohlenwasserstoffen reagiert, die sich an Staubpartikel in der Luft anlagern, entstand in großer Höhe ein Dunstschleier, der die weitere Erwärmung verhinderte.

Dass die Atmosphäre zu dieser Zeit weitgehend sauerstofffrei gewesen sein muss, beweisen Sedimente, die älter als etwa 2,2 Milliarden Jahre sind. Sie enthalten große Mengen an zweiwertigem Eisen, das nur in Abwesenheit von Sauerstoff entstehen kann. In jüngeren Gesteinen hingegen ist fast ausnahmslos das dreiwertige Eisenoxid Hämatit zu finden. Dies ist ein Hinweis darauf, dass Sauerstoff - offenbar gebildet durch Photosynthese - in zunehmendem Umfang in die Atmosphäre gelangte. Da für die Methanbildner und andere anaerobe Organismen Sauerstoff giftig ist, starben sie entweder aus oder besiedelten die sauerstofffreien ökologischen Nischen am Boden der Tiefsee. Das abrupte Verschwinden der meisten Methanbildner und die Oxidation des Methans durch Sauerstoff führte zu einer

Abschwächung des Treibhauseffekts und in der Folge zu einer lange währenden Eiszeit.

Eiszeitalter

Ein Eiszeitalter ist eine Zeitepoche, in der es auf der Erde vereiste Pole gab beziehungsweise gibt. Heute können wir uns eine Erde ohne Eis nicht vorstellen, jedoch sind Eiszeiten eher die Ausnahme als die Regel. Die Vereisung beider Polkappen bedeutet, dass sich unsere Erde klimatisch derzeit in einem Eiszeitalter befindet. Dieses ist eine „Ausnahmesituation", da eisfreie Pole - auch „akryogenes (nicht eisbildendes) Warmklima" genannt - der eigentliche „Normalzustand" der Erde sind. Während des größten Teils der Klimageschichte war die Erde, ausgenommen von manchen Hochgebirgen, nahezu eisfrei. Diese wärmeren Zeiträume machen etwa 80 bis 90 Prozent der Erdgeschichte aus. In Hinsicht auf die periodische Wiederkehr von Kalt- und Warmzeiten wird als Ursache unter anderem stets auf die Milankovic-Zyklen verwiesen.

Das erste überlieferte Eiszeitalter, das etwa vor 2,3 Milliarden Jahren begann und etwa 300 Millionen Jahre anhielt, war das „Archaische Eiszeitalter", das wahrscheinlich durch die große Sauerstoffkatastrophe ausgelöst wurde. Regional hat dieses Eiszeitalter andere Namen, beispielsweise wird es in Nordamerika „Huronische Eiszeit" genannt, nach dem Huronsee, in dessen

WAS WISSEN WIR HEUTE ÜBER DIE KLIMAGESCHICHTE?

Gesteinsschichten zahlreiche Hinweise darauf zu finden sind.

Das zweite Eiszeitalter in der Erdgeschichte ließ relativ lange auf sich warten. Erst in 950 Millionen Jahre alten Gesteinsschichten, also über 1 Milliarde Jahre später, lassen sich Hinweise darauf finden, dass sich erneut Eis auf der Erde bildete. Dieses Eiszeitalter trägt den Namen „Algonkisches Eiszeitalter" oder auch „Griesjö-Vereisung". Es gibt bisher nur in Europa Hinweise auf dieses Eiszeitalter durch Spuren von Eisbewegungen in den Gesteinen. Daraus wird abgeleitet, dass nur ein im Gebiet des heutigen Europa liegender Pol der Erde mit Eis bedeckt war.

Die nächsten beiden Eiszeitalter folgten zwischen 750 und 620 Millionen Jahren nach einer Warmzeit. Sie traten mit relativ kurzem Abstand auf, beide Erdhalbkugeln waren vereist. Man bezeichnet die Eiszeitalter als „Sturtische Vereisung", „Marinoische Vereisung" und „Varanger-Vereisung", zusammen als „Eokambrisches Eiszeitalter". Hinweise darauf, dass in dieser Zeit der gesamte Erdball bis zum Äquator von Eis bedeckt war, werden unter der Bezeichnung Schneeball Erde diskutiert.

Das darauf folgende „Silur-Ordovizisches Eiszeitalter" begann vor 440 Millionen Jahren. Dieses wahrscheinlich nur recht schwache Eiszeitalter beschränkte sich auf das Gebiet der heutigen Sahara und wird daher auch „Sahara-Vereisung" genannt. Von einigen Wissenschaftlern wird eine Verbreitung bis nach Südamerika und Südafrika vertreten.

Die beiden folgenden Eiszeitalter waren wieder stärker ausgeprägt. Vor 280 Millionen Jahren fand das „Permokarbonische Eiszeitalter" statt, das auch als „Gondwana-Vereisung" bekannt ist.

Das letzte Eiszeitalter begann vor 2,6 Millionen Jahren und hält bis heute an. In diesen Zeitraum fällt die Entwicklungsgeschichte des Menschen. Es wird „Quartäres Eiszeitalter" genannt und ist mit Abstand am besten erforscht, weil die Zeugnisse der Vereisungen in vielen Gebieten der Erde noch gut erhalten sind. Zu dieser jüngsten Periode der Erdgeschichte lässt sich in verschiedenen Klimaarchiven eine Fülle von Daten über das Klima finden. Neben sehr kalten Phasen, den Kaltzeiten (Glaziale), in denen weite Teile Antarktikas, Europas, Asiens, Süd- und Nordamerikas vergletschert waren, gab es auch Warmzeiten (Interglaziale), in denen das Klima ungefähr dem heutigen entsprach. Das bis heute andauernde Holozän, das etwa 9620 v. Chr. begann, ist ein solches Interglazial.

Das aktuelle Eiszeitalter

Vor etwa 2,6 Millionen Jahren begann das jüngste Eiszeitalter, das Quartär, das bis heute andauert. Während des Tertiärs war die Temperatur allmählich gesunken, sodass die Antarktis bereits seit dem Oligozän vor rund 30 Millionen Jahren mit einer Eiskappe bedeckt war. Vor etwa 3,2 Millionen Jahren, so belegen es zumindest Tiefseesedimente, sank die Temperatur noch einmal deutlich ab. Im Gelasium bildete sich mit einiger Verzögerung am Nordpol eine Eiskappe, und die bis heute andauernden Temperaturschwankungen begannen.

Im Zeitraum von 3,2 bis 1,6 Millionen Jahren konnte eine Zykluszeit von 41.000 Jahren für die Temperaturschwankungen ermittelt werden. Im Temperaturverlauf der letzten 2,6 Millionen Jahre, also innerhalb des Pleistozäns, treten die beobachteten Temperaturschwankungen in Zyklen von etwa 100.000 Jahren auf. Bei den Temperaturen ist dabei der Bezug zu beachten: Gemessen an der Klimageschichte der letzten 100 Millionen Jahre ist es derzeit kalt, da wir uns im quartären Eiszeitalter bewegen. Innerhalb dieses Eiszeitalters ist es aber derzeit relativ warm, weil wir uns seit etwa 11.625 Jahren in einer Warmzeit des Eiszeitalters befinden, dem Holozän.

Allein in den letzten 850.000 Jahren gab es eine Vielzahl von Warm- und Kaltzeiten. Nach Untersuchungen von Sauerstoff-Isotopen an Meeressedimenten ereigneten sich in dieser Zeit mindestens neun Wechsel zwischen Kalt- und Warmzeiten. Die Eisvorstöße und Rückzüge haben dabei an Land einen komplizierten Flickenteppich von Ablagerungen hinterlassen. In Norddeutschland werden heute folgende Abschnitte unterschieden, die zum Teil mehrere Kalt- und Warmzeiten umfassen:

- ab etwa 850.000 Jahren: Cromer-Komplex
- ab etwa 400.000 Jahren: Elster-Kaltzeit
- ab etwa 320.000 Jahren: Holstein-Warmzeit
- ab etwa 300.000 Jahren: Saale-Kaltzeit
- ab etwa 126.000 Jahren: Eem-Warmzeit
- ab etwa 115.000 Jahren: Letzte Kaltzeit (regional Weichsel-Kaltzeit, Würm-Kaltzeit usw. benannt)
- seit etwa 11.625 Jahren: rezente Warmzeit oder Holozän

Bei den Warm- und Kaltzeiten gibt es das Problem, dass sie in den betroffenen Regionen unterschiedliche Namen tragen. So wird die Letzte Kaltzeit im Bereich der Alpen „Würm-Kaltzeit" genannt, in Nordeuropa „Weichsel-Kaltzeit", England „Devensian", in Russland „Waldai" und in Nordamerika „Wisconsin". Darüber hinaus lassen die gebräuchlichen Namen sich nicht so ohne Weiteres gleichsetzen, da sich mit zunehmendem Kenntnisstand gezeigt hat, dass selbst die Phasen der letzten Kaltzeit einander nicht immer entsprechen und dass dies für die älteren Warm- und Kaltzeiten fast unmöglich ist.

Die unterschiedlichen Temperaturen innerhalb der Warm- und Kaltzeiten werden als „Stadiale" für relativ kalte Zeiten und als „Interstadiale" für relativ warme Zeiten bezeichnet. Allein in der Würm-Kaltzeit gab es drei Stadiale, etwa vor 60.000, 40.000 und 18.000 Jahren. Damals wich die Temperatur zwar nur um etwa vier bis fünf Kelvin nach unten von unserer heutigen Erdmitteltemperatur ab, was jedoch dazu führte, dass sich etwa dreimal so viel Eis wie heute bilden konnte. Vor 18.000 Jahren hatte das zur Auswirkung, dass der Meeresspiegel um etwa 135 Meter niedriger lag als heute. Der Golfstrom wurde dadurch stark abgeschwächt, und die Nordsee verschwand fast ganz. Nur in den Tropen war das Klima ähnlich. Die Januarmitteltemperatur Deutschlands lag damals etwa bei -20 °C, heute bei 0,3 °C. Auf die Tierwelt hatte das große Auswirkungen. In Norddeutschland war zu dieser Zeit beispielsweise der Eisbär heimisch.

Das zeigt, dass selbst ein nach heutigen Maßstäben überaus strenger Winter nicht vergleichbar mit einem Winter in einer Kaltzeit ist. Der Umschwung der Weichsel-Kaltzeit zur heutigen Warmzeit wird von den Wissenschaftlern als eine abrupte Klimaveränderung gesehen, obwohl er sich im Laufe mehrerer tausend Jahre (vor 15.000 bis vor 7000 Jahren) vollzog. Der Wechsel zwischen der Kalt- und der Warmzeit wird auf 11.000 Jahre vor heute datiert.

Dansgaard-Oeschger-Ereignisse

Dansgaard-Oeschger-Ereignisse (benannt nach dem Paläoklimatologen Willi Dansgaard und dem Physiker Hans Oeschger) werden seit ihrer Entdeckung in den 1980er Jahren erforscht und bezeichnen extrem rasche Temperaturerhöhungen im Bereich des Nordatlantiks während der letzten Eiszeit. Dabei kam es zu einem plötzlichen Anstieg der Temperaturen von 6 bis 10 °C innerhalb eines Jahrzehnts. Die anschließenden Warmphasen flauten nur langsam ab und dauerten oft mehrere Jahrhunderte. Aus der Würm- beziehungsweise der Weichsel-Kaltzeit, die vor 115.000 Jahren begann und vor knapp 12.000 Jahren endete, lassen sich in Klimaarchiven 26 Dansgaard-Oeschger-Ereignisse nachweisen, vor allem in grönländischen Eisbohrkernen sowie in den Tiefseeablagerungen des Atlantiks. Nach dem Übergang in das Holozän traten diese abrupten Klimaschwankungen nicht mehr auf. Allerdings gibt es Hinweise, dass ähnliche Temperatursprünge auch während der Eem-Warmzeit vor 126.000 bis 115.000 Jahren stattfanden.

Beitrag der Korallenriffe zur letzten Temperaturerhöhung

Im Zeitraum von vor 16.000 bis 10.000 Jahren vor unserer Zeit

- stieg die Temperatur in der Antarktis von -8 °C auf etwas unter 0 °C an;

- stieg der Kohlenstoffdioxidgehalt der Erdatmosphäre von 180 ml/m^3 auf 260 ml/m^3, wobei ein Anteil dieser Erhöhung auf die mit steigender Temperatur geringere Löslichkeit von Kohlenstoffdioxid in den Meeren zurückgeht;

- stieg der Meeresspiegel um 100 Meter.

Vor ungefähr 10.000 Jahren waren auch die Regionen überflutet, in denen Korallenriffe existieren konnten. Diese benötigen eine relativ hohe Wassertemperatur und flaches, lichtdurchflutetes Wasser. Die Korallen hatten in der Zeit von 9000 bis 6000 Jahren vor heute ihre Blütezeit. Ihre Wachstumsgeschwindigkeit und der weitere Anstieg des Meeresspiegels um 20 Meter hielten sich gerade die Waage. Heute hat die Wachstumsgeschwindigkeit der Korallenriffe stark abgenommen, weil der Meeresspiegel kaum noch steigt. Da bei der Ausfällung des Kalkgehäuses der Korallen Kohlenstoffdioxid frei wird (siehe Kohlenstoffzyklus), wurde der Kohlendioxidgehalt in den vergangenen 14.000 Jahren nach Schätzungen von Wissenschaftlern durch die Korallenriffe um etwa 50 ml/m3 erhöht. Es wird vermutet, dass Kalk bildendes Plankton einen ebenso hohen Anteil an der CO_2-Erhöhung der Atmosphäre hat wie die Korallen.

. El Nino und La Nina

Als El Nino oder genauer El Nino-Southern Oscillation (ENSO) wird das Auftreten veränderter Strömungsmuster im ozeanografisch-meteorologischen System des äquatorialen Pazifiks bezeichnet. Ursache ist eine starke Wechselwirkung zwischen den Passatwinden und dem Ozean. Normalerweise treibt der Passat das Wasser des Pazifiks entlang des Äquators nach Westen in Richtung Indonesien. Da sich das Wasser unter dem Einfluss der tropischen Sonneneinstrahlung aufheizt, ist es im westlichen Pazifik besonders warm. Im Osten hingegen, vor der Westküste Südamerikas, wird das abtransportierte Oberflächenwasser durch kälteres Tiefenwasser ersetzt. Aufgrund der Temperaturdifferenz zwischen kühlem Wasser im Osten und warmem Wasser im Westen entsteht nicht nur ein Antrieb für die Passatwinde, sondern auch ein Rückkopplungsmechanismus, durch den sich das System in die eine oder andere Richtung aufschaukeln kann. Wenn der Passat zusammenbricht, strömt das warme Wasser zurück nach Osten. Dort entsteht dann eine Wärmeanomalie in Form eines El Nino.

Im Unterschied zu El Nino ist La Nina eine außergewöhnlich kalte Strömung im äquatorialen Pazifik, wodurch sich besonders in Südostasien ausgedehnte Tiefdruckgebiete bilden können. In diesem Fall weht der Passat stark und lang anhaltend. Als Folge davon kühlt sich der östliche Pazifik weiter ab. In Indonesien und den umliegenden Regionen fällt dann ergiebiger Regen, während gleichzeitig in einigen südamerikanischen Gebieten extreme Trockenheit herrscht.

Auf drei Vierteln der Erde wird das Wettergeschehen von einem starken El Nino signifikant beeinflusst. So treten zum Beispiel an der gesamten südamerikanischen Pazifikküste und zum Teil auch an der nordamerikanischen Westküste starke Regenfälle und damit verbunden Überschwemmungen auf. Im Gegensatz dazu kommt es in Südostasien und Australien zu längeren Dürreperioden mit Buschfeuern und Waldbränden.

Günstige Bedingungen für das Auftreten von El Ninos gab es innerhalb der letzten drei Jahrhunderte in Abständen von etwa zwei bis acht Jahren, wobei die meisten nur schwach ausgeprägt waren. Allerdings existieren Hinweise auf sehr starke El Ninos aus dem frühen Holozän vor etwa 11.500 Jahren. Im 20. Jahrhundert wurden größere El-Nino-Ereignisse in den Jahren 1925/1926, 1972/1973 und 1982/1984 registriert. Der El Nino von 1997/1998 trug maßgeblich dazu bei, dass 1998 zum bis dahin global wärmsten Jahr seit Beginn der systematischen Temperaturaufzeichnungen wurde. Ein verwandtes Klimaphänomen gibt es im Atlantik in Form der Nordatlantischen Oszillation.

Die aktuelle Warmzeit

Auch in der aktuellen Warmzeit, dem Holozän, gibt es noch viele relative Klimaveränderungen. In Annäherung an die Jetzt-Zeit gelingt die Rekonstruktion des Klimas immer detaillierter und vielfältiger. Doch sind die ältesten drei Viertel des Holozäns noch weitgehend unerforscht. Erst mit der Entwicklung der ersten Hochkulturen wird die Beobachtung genauer. Forschungen in der Sahara und Seebodenuntersuchungen im Mittelmeer ergaben, dass in Nordafrika vor etwa 10.000 Jahren nicht die heutige Wüste vorherrschend war, sondern eine Grassavanne, die von einer Vielzahl von Tieren bevölkert war und

Menschen Lebensraum bot. Davon zeugen fossile Pflanzen ebenso wie Fels- und Höhlenmalereien. Eine These geht von einer zyklischen Begrünung der Wüstengebiete Nordafrikas aus, deren Zykluszeit etwa 22.000 Jahre beträgt. Demzufolge ist eine stetige langfristige Änderung des Klimas Teil eines natürlichen Zyklus, in dem es „Gewinner und Verlierer" gibt.

Der Wechsel von der letzten Kaltzeit zur aktuellen Warmzeit verlief relativ schnell, dauerte aber trotzdem mehrere tausend Jahre. Dies hing vor allem damit zusammen, dass die großen Eisschilde nicht so schnell schmelzen konnten.

Der skandinavische Eisschild war etwa vor 7000 Jahren verschwunden und damit im Vergleich zu den Schilden in Nordamerika und Nordasien relativ schnell abgeschmolzen. Der Laurentische Eisschild in Nordamerika war erst vor 4000 Jahren völlig aufgelöst. Ein Abschmelzen des heutigen antarktischen Eisschildes würde mindestens 15.000 Jahre dauern.

Vor etwa 8000 bis 4000 Jahren hatte die heutige Warmzeit einen Höhepunkt überschritten, sodass eine langsame Entwicklung zur nächsten Kaltzeit vermutet werden kann. Allerdings ist diese Bewegung so langsam, dass die Temperatur über eine Zeit von tausend Jahren nur rund 0,1 °C abnimmt. Diese geringe Veränderung wird jedoch von so vielen anderen Einflüssen auf das Klima überdeckt, dass sie praktisch nur noch über einen sehr langen Zeitraum im Mittel erkannt werden kann. Auch diese überlagernden

Veränderungen haben im Durchschnitt auf einer großen Fläche, etwa über die Südhemisphäre, nicht mehr als etwa 1 °C Temperaturanstieg oder -abstieg zu verzeichnen.

Das „holozäne Temperatur-Optimum", oder „Atlantikum" dauerte zumindest auf der Nordhalbkugel etwa von 7000 v. Chr. bis 4000 v. Chr., mit markanten Unterbrechungen zwischen 6500 und 6100 v. Chr. (das sogenannte 8.2ka event durch das Einströmen des nordamerikanischen Eisstausees Agassizsee in den Atlantik) sowie um etwa 5200 v. Chr. aus bisher ungeklärter Ursache.

So gab es im Verlauf des Holozäns immer wieder „kleinere" Klimaschwankungen (Misox-Schwankung, Piora-Schwankung), die sich spürbar auf die Vegetation und damit auf die Fauna und den Menschen auswirkten. In diesem Zusammenhang werden die beiden Begriffe „Pluvial" (relativ niederschlagsreiche Phase) und „Interpluvial" (relativ trockene Phase) verwendet. Dieses ist notwendig, da in der Geschichte die Temperatur- und Niederschlagsschwankungen nicht immer parallel verliefen. Vor etwa 2000 Jahren gab es in der Zeit zwischen etwa 100 v. Chr. und 500 n. Chr. das „Optimum der Römerzeit". Als diese Klimaepoche langsam zu Ende ging und sich das Klima abkühlte („Pessimum der Völkerwanderungszeit"), kam die Zeit der großen Völkerwanderungen (etwa um 370 bis 570 n. Chr.). Weil es viele Parallelen zwischen Klima- und Menschengeschichte gibt, kann ein Zusammenhang nicht ausgeschlossen werden.

Die aktuelle Warmzeit

Nach dieser relativ „schlechten" Zeit für die Menschheit entwickelte sich wieder eine wärmere Epoche. Ab etwa 800 n. Chr. folgte die Mittelalterliche Warmzeit. Sie war in weiten Teilen Europas durch wirtschaftlichen wie demografischen Aufschwung gekennzeichnet und ging mit der kulturellen Blüte des Hochmittelalters - Stichwort: Bau von Kathedralen und anderen imposanten Bauwerken - einher. Anfangs hielt sich der Niederschlag noch in Grenzen, was sich gegen Ende dieser Phase änderte, als die Niederschlagsraten stark anstiegen. Aus dieser Zeit stammen viele deutsche Ortsnamen, die auf Weinanbau hinweisen, obwohl zwischenzeitlich der Weinanbau dort nicht mehr möglich war.

Auf das Optimum des 11.-14. Jahrhunderts folgte wieder eine Klimawende mit niedrigeren Temperaturen beginnend etwa im 15. Jh. Das Klima der nördlichen Hemisphäre war im 17. Jh. weniger als 1 °C kühler im Vergleich zur Durchschnittstemperatur des 20. Jahrhunderts, mit einer lokal stärkeren Abkühlung in Regionen nahe dem Nordatlantik. Für das globale Klima wird eine Abkühlung von rund 0,2 °C gegenüber dem mittelalterlichen Optimum vermutet. Obwohl der Begriff Eiszeit hierfür eine Übertreibung darstellt, wird diese Zeit die Kleine Eiszeit genannt. Als weiteres Beispiel für den Zusammenhang zwischen menschlicher Kulturentwicklung und Klimageschichte werden oftmals die Wikinger genannt. 982 n. Chr. ließen sie sich das erste Mal auf Grönland nieder und waren über mehrere Jahrhunderte dort ansässig.

WAS WISSEN WIR HEUTE ÜBER DIE KLIMAGESCHICHTE?

Durch die zunehmende Abkühlung im nordatlantischen Raum nahm die Besiedelung der Insel ein mehr oder weniger jähes Ende. Bis vor Kurzem wurde angenommen, dass neben wirtschaftlichen und soziologischen Gründen die schlechter werdenden klimatischen Bedingungen wesentlich dazu beitrugen, dass um 1500 die letzte normannische Siedlung auf Grönland aufgegeben wurde. Allerdings kommen aktuelle Untersuchungen zu konträren Ergebnissen. So hatte die Mittelalterliche Warmzeit im Bereich von Grönland praktisch keine Auswirkungen auf das dortige Klima, und die grönländischen Gletscher erreichten zwischen den Jahren 975 und 1275 fast ihre maximale Ausdehnung. Eine über Jahrhunderte dauernde Phase milder Temperaturen wäre nach der neuen Datenlage demnach ausgeschlossen.

Die der Mittelalterlichen Warmzeit folgende Phase tieferer Durchschnittstemperaturen und vieler extremer Winter (Kleine Eiszeit) wird von Historikern als ein Faktor in der von vielfachen politischen, ökonomischen und sozialen Erschütterungen erfassten Epoche der frühen Neuzeit gesehen, für den der Begriff "Krise des 17. Jahrhunderts" geprägt wurde. Die ausgeprägt kalten Winter beeinflussten indes auch die kulturelle Entwicklung Europas: bis etwa 1500 waren Winterbilder in der europäischen Kunst eine Rarität - durch die Gemälde eines Hendrick Avercamp und eines Pieter Bruegel der Ältere - typisch ist sein „Die Jäger im Schnee" von ca.

1565 - wurden sie ein Genre in der bildenden Kunst vor allem West- und Nordeuropas.

Festzuhalten bleibt, dass wir uns nun in einer relativ warmen Phase einer Warmzeit befinden, die wiederum Bestandteil eines Eiszeitalters ist.

Die globale Erwärmung und die Zukunft des Klimas

Die aktuellen Erkenntnisse der Klimaforschung besagen, dass die anthropogenen Treibhausgasemissionen seit Beginn der Industrialisierung den natürlichen Treibhauseffekt wesentlich verstärken und damit einen zunehmenden Einfluss auf das Klima ausüben. Die globalen Durchschnittstemperaturen haben im Lauf des 20. Jahrhunderts um 0,74 °C ± 0,18 °C zugenommen. Am ausgeprägtesten ist die Erwärmung von 1976 bis heute. Nach den Emissionsszenarien des Intergovernmental Panel on Climate Change (IPCC) im aktuellen Fünften Sachstandsbericht könnte sich die globale Durchschnittstemperatur im ungünstigsten Fall bis Ende des 21. Jahrhunderts um mehr als 4 °C gegenüber dem vorindustriellen Wert erhöhen. Diese Erwärmung soll zum Teil von drastischen Folgen begleitet sein, die sich mit zunehmender Erwärmung mutmaßlich weiter verstärken können.

Anhang

Einfluss planetarer Gezeitenkräfte auf die Sonnenaktivität

IDW 27.05.2019 Meldung von Simon Schmitt Kommunikation und Medien, Helmholtz-Zentrum Dresden-Rossendorf [2]

Es ist eine der großen Fragen der Sonnenphysik, warum die Aktivität der Sonne einem regelmäßigen 11-Jahres-Rhythmus folgt. Forscher des Helmholtz-Zentrums Dresden-Rossendorf (HZDR) präsentieren nun neue Hinweise darauf, dass die Gezeitenwirkung von Venus, Erde und Jupiter das Magnetfeld der Sonne beeinflusst und so den Sonnenzyklus steuert. Über seine Ergebnisse berichtet das Forscherteam in der Fachzeitschrift Solar Physics (doi: 10.1007/s11207-019-1447-1).

Für einen Stern wie die Sonne ist es an sich nicht ungewöhnlich, dass die magnetische Aktivität zyklisch schwankt. Allerdings können bisherige Modelle den sehr regelmäßigen Zyklus der Sonne nicht zufriedenstellend erklären. Dem Forscherteam vom HZDR gelang es jetzt zu zeigen, dass die Gezeitenwirkung der Planeten auf die Sonne als eine äußere Uhr den entscheidenden Ausschlag für deren gleichförmigen Rhythmus gibt. Die Forscher verglichen dafür historische Beobachtungen der Sonnenaktivität über die letzten tausend Jahre systematisch mit Planetenkonstellationen und wiesen statistisch die Kopplung der beiden Phänomene nach. „Die Übereinstimmung ist erstaunlich genau: Wir sehen eine völlige Parallelität mit den Planeten über 90

---

[2] http://idwf.de/-Cu6zAA

Zyklen hinweg", freut sich Dr. Frank Stefani, der Erstautor der Studie. „Alles deutet auf einen getakteten Prozess hin."

Ähnlich wie die Anziehungskraft des Mondes die Gezeiten auf der Erde hervorruft, so können Planeten das heiße Plasma auf der Sonnenoberfläche verschieben. Die Gezeitenwirkung ist am stärksten, wenn die Planeten Venus, Erde und Jupiter in einer Linie stehen; eine Konstellation, die alle 11,07 Jahre auftritt. Doch der Effekt ist zu schwach, um die Strömung im Sonneninneren signifikant zu stören, weswegen die zeitliche Koinzidenz lange nicht weiter beachtet wurde.

Dann fanden die HZDR-Forscher jedoch Indizien für einen möglichen indirekten Mechanismus, über den die Gezeitenkräfte das Sonnen-Magnetfeld beeinflussen könnten: Schwingungen der Tayler-Instabilität, ein physikalischer Effekt, der ab einem gewissen Strom das Verhalten einer leitfähigen Flüssigkeit oder eines Plasmas verändern kann. Auf dieser Idee aufbauend konstruierten die Wissenschaftler 2016 ein erstes Modell, das sie in ihrer jetzigen Arbeit nochmals zu einem realistischeren Szenario weiterentwickeln. Die Sonne wäre demnach ein ganz normaler, älterer Stern, dessen innere Uhr aber zusätzlich durch die Gezeiten synchronisiert wird.

Kleiner Auslöser mit großer Wirkung: Gezeiten nutzen Instabilität

Im heißen Plasma der Sonne erzeugt die Tayler-Instabilität Störungen der Strömung und des Magnetfelds. Sie reagiert dabei selbst auf sehr geringe Kräfte empfindlich. Ein kleiner Energieschubs genügt, damit die Störungen zwischen einer rechtshändigen und linkshändigen Verschraubungsrichtung (Helizität) hin- und herpendeln. Den notwendigen Impuls könnte die Gezeitenwirkung der Planeten alle elf Jahre geben – und so letztendlich auch den Rhythmus vorgeben, in dem das Magnetfeld der Sonne umpolt.

„Als ich das erste Mal von Ideen las, die den Sonnendynamo mit Planeten in Verbindung bringen, war ich äußerst skeptisch", berichtet Stefani. „Als wir jedoch in unseren Computersimulationen Helizitäts-Schwingungen der stromgetriebenen Tayler-Instabilität entdeckten, fragte ich mich: Was passiert, wenn man mit einer leichten, gezeitenartigen Störung auf das Plasma einwirkt? Das Ergebnis war phänomenal. Die Schwingung wurde richtig angefacht und mit dem Takt der äußeren Störung synchronisiert." Mit ihrem erweiterten Modell können die Forscher auch Effekte erklären, die bisher nur schwierig zu modellieren waren, beispielsweise „falsche" Helizitäten, wie sie bei Studien von Sonnenflecken beobachtet werden, oder das bekannte Doppel-Maximum in der Aktivitätskurve der Sonne.

Langfrist-Prognose für die Sonne?

Die Gezeitenkräfte der Planeten könnten neben ihrer Rolle als Taktgeber für den 11-Jahres-Zyklus auch **weitere Effekte auf die Sonne haben**. Zum Beispiel wäre denkbar, dass sie die Schichtung des Plasmas im Grenzbereich zwischen innerer Strahlungszone und äußerer Konvektionszone der Sonne, der Tachokline, so verändern, dass der magnetische Fluss leichter abgeführt werden kann. Unter diesen Bedingungen könnte auch die **Stärke der Aktivitätszyklen verändert** werden, so wie einst beim „Maunder Minimum" die **Sonnenaktivität** über eine längere Phase deutlich zurückging.

Ein besseres Verständnis des Sonnenmagnetfeldes würde langfristig helfen, **klimarelevante Prozesse** wie das Weltraumwetter besser zu quantifizieren und vielleicht sogar eines Tages Klimaprognosen zu verbessern. Die neuen Modellrechnungen bedeuten aber auch, dass neben der Gezeitenwirkung potenziell weitere, bislang unbeachtete Mechanismen in Modelle des Sonnenmagnetfeldes integriert werden müssen, deren Kräfte klein sind, und **die – wie die Forscher jetzt wissen – dennoch eine große Wirkung entfalten können**. Um diese grundsätzliche Fragestellung auch im Labor untersuchen zu können, bereiten die Forscher zurzeit ein neues Flüssigmetall-Experiment am HZDR vor.

Publikation:

F. Stefani, A. Giesecke, T. Weier: A model of a tidally synchronized solar dynamo, in Solar Physics, 2019, DOI: 10.1038/s41467-019-09071-7

Stichwortverzeichnis

Adhémar..................55, 59f., 92
Agassiz..................16, 23, 25
Alaska..................72, 85f.
Antizyklone..................106
Arbutus..................23
Arldt..................62, 67, 91, 93
Arldt..................73
Arrhenius..........49f., 112ff., 117, 121ff., 126f.
Asar..................18
Auge..................163
Australien..................38f., 91, 101, 147
Basalt..................44, 130
Becker..................61
Berendt..................19
Beringstraße..................68, 70, 76, 81f.
Bewusstsein..................164
Binneneis..................9, 17, 24, 70, 86, 114
Bipolarität..................59, 61, 107
Blytt..................60f.
Bodenheizung..................43, 109, 111
Brasilien..................39
Brückner..................24, 48
Charpentier..................16
Croll..................57ff., 106, 108
Darwin..................78, 92
Diluvialzeit..........26f., 29, 51, 67, 70f., 85, 105
Drift..................13
Drumlins..................18
Dubois..................45, 47
Dwykaschicht..................37
Eisbohrkerne..................131
Eismeer..................15, 37
Emerson..................87f., 73
Erdteile..................97ff.
Erklärung..................164
Exzentrizität..................59f., 62
Fixstern..................45
Fjorde..................18
Frech..................117f., 121f., 124f.
Fürstenwalde..................11
Gebirgsbildung..................61, 116, 118ff., 122
Geinitz..................20, 107
Geschiebelehm..................18, 26, 36f.
Gestalt..................165
Gletscher..7, 9ff., 23ff., 35, 86, 121, 125, 152
Goethe..................9ff., 19, 22, 27, 69, 129
Golfstrom..................104f., 144
Gondwanaland..................38
Granitschale..................11
Grönland 14, 32, 34, 70, 82, 97f., 100, 105f., 151f.
Hann..................48, 59, 66
Heer..................31, 71, 101
Hildebrandt..................62, 125
Himalaja..................97, 120
Höttinger Breccie..................23, 25
Houghton..................71
Interglazialzeiten..........24, 28, 46, 57, 65, 107
Jahreszeiten..................65, 73
Japan..................63, 72
Jupiter..................66f.
Jurazeit..................78, 81
Kaltzeit..................11, 143ff., 149
Kapland..................37f., 101
Kilimandscharo..................26f., 107
Klein..................69, 106
Klimaproxys..................131f.
Kohlensäure..................109ff., 119f., 123, 126
Kohlenverbrennung..................115
Korallenriffe..................34f., 132, 145f.
Kreichgauer..................94, 96
Lethaea..................20, 117
Lichtfrage..................35, 52, 83, 107
Linnaea borealis..................8
Lokaltheorie..................107
Löß..................25
Lyell..................13, 60, 102
Magnet..................92
Marchi..................111f.
Markgrafensteine..................11
Mittelmeerländer..................28
Mond..................68, 91f., 96
Nathorst..................72
Natur..................2, 164
Naturgesetz..................163f.
Nebelflecke..................51

STICHWORTVERZEICHNIS

Neumayr 23, 59, 70ff., 76, 109
Nilpferd 29
Nölke 52
Normalzustand 139
Nullpunkt 41
Nunataker 14
Palmen 32, 34, 69, 122, 128
Penck 24, 101
Pendulationstheorie 76f., 81, 83, 88, 105
Pflanzenwelt 17, 29, 31, 72, 118
Phänomen .... 163f.
Philosoph 164
Physik 2
Pithekanthropus 45
Pluvialzeit 26, 28
Polarnacht 42, 83, 125
Polhöhenschwankungen 73, 79
pontischer Azaleen 23
Pouillet 110
Präzession .... 54, 56f., 63ff.
Raumzeit 164
Reibisch 77ff., 87f., 92, 94, 126
Riesengebirge 7
Rinde 93, 95f., 99
Rohde 55
Rotation .... 60f.
Rüdersdorf 13, 36
Sandstein 44
Sarasin 50, 124
Saxifraga nivalis 8
Schiaparelli 73, 80
Schiefe 64f., 67, 75, 79
Schimper 16
Schmick 60
Schneegrenze 23, 27
Schneegruben 10, 17, 23
Schwere 112
Schwerpunkt .... 56f.
Schwingpole 82, 88
Schwingungskreis 81, 89
Semper 107
Sequoia 32
Sima 99
Simroth 88ff., 96f., 101
Sintflut 23, 56
Sonne ... 34, 42ff., 51ff., 58, 60, 63, 92, 109f., 112, 124, 136
Sonnenflecken 48
Stahl 47
Steinheim 44
Steinkohlenzeit 34ff., 109, 117f., 120
Südpol 38f., 55, 71, 101f., 130
Sueß 38, 60, 99
Talchirschichten 36
Taxodium distichum 32
Tertiärzeit 16, 29, 53, 59, 104, 128
Tethys 38, 69
Tierwelt 24, 30, 86, 118, 144
Titisee 23
Torell 13f., 36
Torfmoore 35
Treibhaus 33, 111
Tyndall 110
Uranus 66
Urstromtäler 19
Venetz 16
Verne 91
Voigt 12, 161
Vulkanismus 100, 115ff., 121f., 124f., 137
Walther 44
Warmzeit .... 140, 142ff., 148f., 151ff.
Wasserdampf .... 111, 114, 118, 124, 134f.
Wega 64
Wegener 100
Weinbau 28
Wetter 20, 29, 48, 103
Wissen 165
Zukunft 127, 153

159

Textquelle und Autoren

Was wissen wir heute über die Klimageschichte? *Quelle:* https://de.wikipedia.org/wiki/Klimageschichte?oldid=166585279
Inhaltslizenz: Creative Commons Attribution-Share Alike 3.0, http://creativecommons.org/licenses/by-sa/3.0/legalcode
Autoren: RobertLechner, Ariser, Jed, Aka,
Mikue, Ilja Lorek, Dishayloo, Crux, Napa, Anathema, Hati, Geof, Necrophorus, Karl-Henner, Triebtäter, Jpp, APPER, Stefan64, Alexander.
stohr, *g, Soebe, Neitram, Peter200, Piby, Haplochromis, Martin k, Hystrix, Nina, Hardenacke, Nachtigall, Hoehue, P. Birken,
Sven Jähnichen, Gerhardvalentin, Philipendula, PeeCee, Michail, Tea2min, ChristophDemmer, Hi-Lo, Xvlun, Uwe Gille, Timt, Krtek76,
DiedrichF, Zuecho, Bender235, Wissen, Mundartpoet, BWBot, Daniel FR, BLueFiSH.as, Plehn, Heinte, Diba, TomCatX, Carbidfischer,
Spitzl, Saperaud, Iromeister, Lyzzy, Lofor, Hedd, AchimP, Atamari, AF666, Snipsnapper, DL5MDA, Nils Simon, Scooter, Itti, Lappländer,
Shoshone, .x, Alcibiades, W!B:, Roterraecher, Saehrimnir, Regiomontanus, Tilla, Ephraim33, JFKCom, Hydro, Lotse, Maradona01,
Wasseralm, Andy king50, Löschfix, Grabenstedt, WAH, EvaK, MelancholieBot, DeWikiMan, LKD, Fomafix, Queryzo, Korinth, Speifensender,
Harry8, Schreibvieh, Marcu24, Gancho, HJJHolm, Rainer Lippert, Polentario, Tönjes, Sumikoiwanayami, Dsdvado, Ulrich
Waack, Dmitri Lytov, Horst Gräbner, Tobi B., Efjreitter, Simon-Martin, YourEyesOnly, Kuhlo, IqRS, Baumfreund-FFM, Nolispanmo,
Louis Bafrance, Fährtenleser, Fmrauch, Diwas, Hans-Jürgen Hübner, Axolotl Nr.733, DonCalle, Complex, Reissdorf, Dreizung,
RudolfSimon, Michileo, ScrewySiD, Regi51, Schwert von Damokles, Witzcat, EinHuluvu, Jbo166, Hg6996, Pittimann, Hungchaka, Jo
Weber, Se4598, Eingangskontrolle, Ute Erb, Sprachpfleger, Basti4uhgw, Howwi, Morten Haan, Rapidla01, Wilske, Rr2000, 3pc---olm,
MorbZ-Bot, Pyropath, Meister und Margarita, George G Milford, Alraunenstern, Martin1978, Pleonasty, EmausBot, Halbarath, Andol,
Salutist, European Networks, Juschki, Cachomio, Addbot, Berossos, Abrixas2, TaxonBot, Schneckal4677, MWExpert, Langexp, Gert
Voigt, Geo-Science-International und Anonyme: 88
Eiszeit und Klimawandel Autor Wilhelm Bölsche

Treibhauseffekt und Klimawandel
Energiewende, ja bitte, aber nicht wegen CO2
Klaus-Dieter Sedlacek (Hrsg.)
Paperback
124 Seiten
ISBN-13: 9783750413207
Verlag: Books on Demand
Sprache: Deutsch
Farbe: Ja

Zum Buchshop:

Naturwissenschaft, Physik und Astronomie

- **Äquivalenz von Information und Energie.** Von: K.-D. Sedlacek
- **Das Gesetz im Zufall:** Wie sich verborgene Gesetzlichkeit manifestiert. Von: Moritz Cantor u. K.-D. Sedlacek (Hrsg.)
- **Die Transzendenz der Realität :** Spuren einer allumfassenden transzendenten Realität jenseits von Raum und Zeit. Von: K.-D. Sedlacek
- **Einsteins Relativitätstheorie ganz ohne Mathematik.** Spezielle und allgemeine Relativitätstheorie. Von: Prof. Dr. Paul Kirchberger u. K.-D. Sedlacek (Hrsg.)
- **Freizeitvergnügen Sternenhimmel mit bloßem Auge:** Wie man Sternbilder auffindet ohne Instrumente. Von: Prof. Dr. Paul Kirchberger u. K.-D. Sedlacek (Hrsg.)
- **Phänomen Naturgesetze:** Das Geheimnis hinter den Erscheinungen der Welt. Von: K.-D. Sedlacek
- **Supervereinigung:** Wie aus nichts alles entsteht. Von: K.-D. Sedlacek
- **Die Natur psycho-physikalischer Phänomene.** Erforschung telekinetischer Vorgänge. Von: Schrenck-Notzing, A. u. Klaus D Sedlacek (Hrsg.)
- **Giganten der Physik.** Die Top10-Physiker der Menschheitsgeschichte. Von: Klaus-Dieter Sedlacek (Hrsg.)
- **Der allmächtige Informatiker:** Das Mysterium des Universums. Von Sir James Jeans u. K.-D. Sedlacek (Hrsg.)
- **Der verborgene Mechanismus des Weltgeschehens:** Neue Erkenntnisse über die Gestalten biotechnischer Systeme der Welt. Von: Dr. h. c. Raoul Francé u. K.-D. Sedlacek
- **Der erdgeschichtliche Klimawandel:** Den wahren Ursachen von Klimaschwankungen auf der Spur. Von Wilhelm Bölsche u. K.-D. Sedlacek (Hrsg.)
- **Wege zur physikalischen Erkenntnis.** Meine wissenschaftlichen Selbstbiographie, Reden und Vorträge. Von **Max Planck** u. K.-D. Sedlacek (Hrsg.)
- **Leonardo da Vinci:** Seine naturwissenschaftlichen Studien und genialen Erfindungen. Von Hermann Grothe u. K.-D. Sedlacek (Hrsg.).
- **The philosophy of physical science.** By Sir Arthur Eddington.
- **The nature of the physical world.** By Sir Arthur Eddington.
- **Leben in der Warmzeit der Erde.** Aus den Urtagen vor dem heutigen Klimawandel. Von Wilhelm Bölsche und K.-D. Sedlacek (Hrsg.
- **Treibhauseffekt und Klimawandel:** Energiewende, ja bitte, aber nicht wegen CO_2. Von Klaus-Dieter Sedlacek (Hrsg.)
- **Über die Gewissheit von Vorhersagen:** Wahrscheinlichkeiten bestimmen ohne Formelballast. Von Klaus-Dieter Sedlacek (Hrsg.)

Chemie

- **Der Stein der Weisen:** Wie die Alchemie zur Chemie wurde. Von: Wilhelm Ostwald et. al. u. K.-D. Sedlacek

(Hrsg.)

– **Durchblick Chemie:** Praktische Grundlagen und Einführung in die anorganische, organische und Biochemie. Von: Prof. Dr. Lassar-Cohn, Prof. Dr. W. Löb, K.-D. Sedlacek

Natur- und Philosophie

– **Die letzten Ursachen.** Das Buch der Naturerkenntnis. Von: K.-D. Sedlacek

– **Jenseits der Erscheinungen:** Erkennbarkeit und Realität der Quantennatur. Von: Prof. Dr. M. Schlick u. K.-D. Sedlacek (Hrsg.)

– **Kleines Wörterbuch der Natur-Philosophie:** 1200 Begriffe, die man kennen sollte, kurz und prägnant. Von: K.-D. Sedlacek

– **Naturphilosophie:** Das Wesen von Naturgesetzen und die Erklärung des Lebens. Von: Prof. Dr. M. Schlick u. K.-D. Sedlacek (Hrsg.)

– **Vereinbarkeit von Religion und Naturwissenschaft.** Von: Kurd Laßwitz u. K.-D. Sedlacek (Hrsg.)

– **Ist echte Erkenntnis möglich?** Einführung in die Erkenntnistheorie. Von: Prof. Dr. Erich Becher u. K.-D. Sedlacek (Hrsg.)

– **Persönlichkeit und Unsterblichkeit:** In welcher Form existiert ein Weiterleben nach dem zeitlichen Ende? Von: Wilhelm Ostwald u. K.-D. Sedlacek (Hrsg.)

– **Die idealistischen Grundwerte unserer Kultur.** Von Johannes M. Verweyen u. K.-D. Sedlacek (Hrsg.)

– **Was sind Wirklichkeiten?** Aufgedeckte Naturgeheimnisse. Von Kurd Laßwitz u. K.-D. Sedlacek (Hrsg.)

Bewusstsein

– **Leben nach dem Leben:** Befreiung des Bewusstseins von den Fesseln der Zeit. Von: K.-D. Sedlacek

– **Quantenbewusstsein.** Von: N. Wrobel u. K.-D. Sedlacek

– **Unsterbliches Bewusstsein:** Raumzeit-Phänomene, Beweise und Visionen. Von: K.-D. Sedlacek

Leben und Medizin

– **Leben aus Quantenstaub.** Von: N. Wrobel u. K.-D. Sedlacek,

– **Was ist Krankheit?** Von: N. Wrobel u. K.-D. Sedlacek

– **Bewusstsein und Unsterblichkeit.** Von: C. L. Schleich u. K.-D. Sedlacek (Hrsg.)

– **Die Lebenskraft:** Wie Enzyme, Bewusstsein und quantenbiologische Effekte das Leben regulieren. Von: K.-D. Sedlacek u. N. Wrobel,

– **Die verborgene Ordnung des Weltsystems.** Neue Erkenntnisse über die schöpferischen Kräfte der Natur. Von: Dr. h. c. Raoul Francé u. K.-D. Sedlacek (Hrsg.)

– **Homöopathie und Praxis:** Naturheilkundliche alternative Medizin für den mündigen Patienten. Von: Dr. med. J. Voorhoeve u. K.-D. Sedlacek (Hrsg.)

– **Bleib beweglich und fit ohne Geräte.** Leichte ärztliche Zimmergymnastik für jedes Alter. Von Moritz Schreber.

Psychologie

– **Gestalt-Psychologie:** Einführung in die neue Psychologie vom

Begründer der Gestaltpsychologie. Von: Prof. Dr. Kurt Koffka u. K.-D. Sedlacek (Hrsg.)

– **Die ersten Spuren psychischer Erscheinungen:** Das psychische Leben von Mikroorganismen – Eine Studie in experimenteller Psychologie. Von Alfred Binet u. K.-D. Sedlacek (Übers.)

– **Allgemeine moderne Psychologie:** Systematische Einführung in die Wissenschaft psychischer Prozesse. Von August Messer u. K.-D. Sedlacek (Hrsg.).

– **Strahlende Kräfte durch positives Denken:** Die Wurzeln des Erfolgs und Wege zum Glück. Von Emil Peters u. K.-D. Sedlacek (Hrsg.)

– **Neue praktische Menschenkenntnis.** Ein Ratgeber zur Menschenbehandlung mit zahlreichen Bildern und Beispielen. Von Johannes Maria Verweyen.

– **Massenpsychologie am Beispiel Jan Bockelsons.** Geschichte eines Massenwahns mit einer Einführung von Sigmund Freud. Von Friedrich Reck-Malleczewen u. K.-D. Sedlacek (Hrsg.)

BIOLOGIE

– **Wie intelligent sind Pflanzen?** Sensationelle Einblicke in die geheime Seite des pflanzlichen Wesens. Von Prof. Dr. phil. Adolf Wagner u. K.-D. Sedlacek

– **Über Menschenaffen, Tierseele und Menschenseele:** Intelligenzprüfungen an Hominiden. Von Wilhelm Bölsche et. al. und K.-D. Sedlacek (Hrsg.)

FORSCHUNGSREISEN U. ABENTEUER

– **Meine erste Weltumseglung:** Tagebuch einer epochalen Expedition. Von James Cook u. K.-D. Sedlacek (Hrsg.)

– **Exotische Reise durch Persien:** Abenteuerlicher Bericht aus einer fremdartigen Welt des 19ten Jahrhunderts. Von Pierre Loti u. K.-D. Sedlacek (Hrsg.)

– **Mit der Beagle um die Welt:** Bericht meiner Forschungsreise zum Galapagos-Archipel. Von Charles Darwin u. K.-D. Sedlacek (Hrsg.)

– **Peking-Paris im Automobil:** Die legendäre 16.000 km – Rallye 1907. Von Luigi Barzini u. K.-D. Sedlacek (Hrsg.)

Zum Buchshop:

www.ingramcontent.com/pod-product-compliance
Lightning Source LLC
Chambersburg PA
CBHW020421220526
45464CB00002B/520